CONTRIBUTIONS A L'ÉTUDE

DES

TOURTEAUX ALIMENTAIRES

COMPOSITION

VALEUR ALIMENTAIRE — EMPLOI PRATIQUE ET

DIAGNOSE

PAR

C.-V. GAROLA, O. ☙, ✦

Ingénieur-Agronome. — Professeur départemental d'Agriculture
Directeur de la Station agronomique de Chartres

OUVRAGE ILLUSTRÉ DE 30 MICRO-HÉLIOTYPIES
d'après les Clichés de
MAURICE AUFRAY
Ingénieur-Agronome
Préparateur-Chimiste à la Station agronomique de Chartres

CHARTRES	CHATEAUDUN
IMPRIMERIE DURAND	HÉLIOTYPIE LAUSSEDAT & SABATIER
RUE FULBERT	A LA BOISSIÈRE

1892

CONTRIBUTIONS A L'ÉTUDE

DES

TOURTEAUX ALIMENTAIRES

7

40

CONTRIBUTIONS A L'ÉTUDE

DES

TOURTEAUX ALIMENTAIRES

COMPOSITION

VALEUR ALIMENTAIRE — EMPLOI PRATIQUE ET

DIAGNOSE

PAR

C.-V. GAROLA, O. ✠, ✿

Ingénieur-Agronome. — Professeur départemental d'Agriculture
Directeur de la Station agronomique de Chartres

OUVRAGE ILLUSTRÉ DE 30 MICRO-HÉLIOTYPIES

d'après les Clichés de

MAURICE AUFRAY

Ingénieur-Agronome
Préparateur-Chimiste à la Station agronomique de Chartres

CHARTRES

IMPRIMERIE DURAND

RUE FULBERT

1892

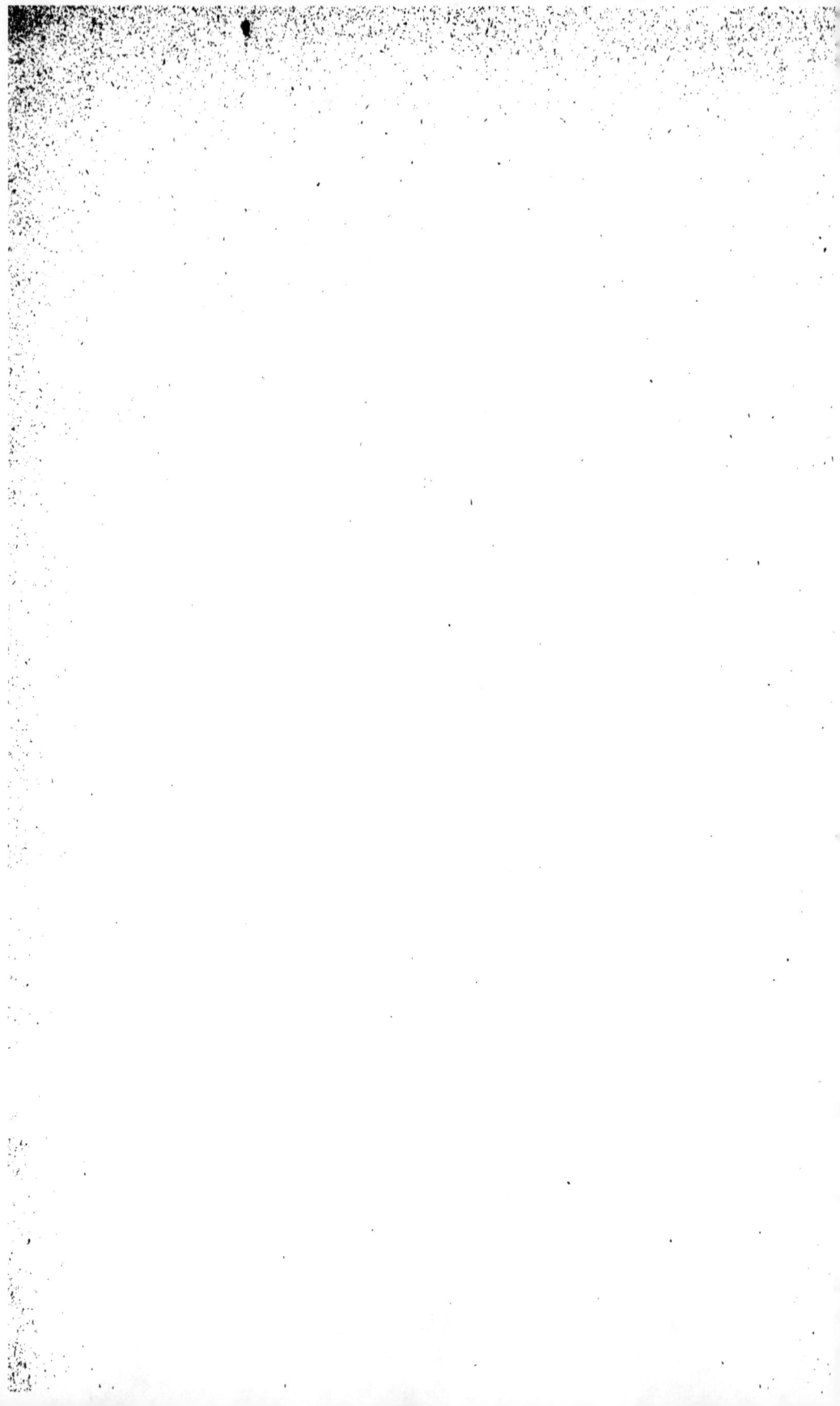

TOURTEAUX ALIMENTAIRES

COMPOSITION
VALEUR ALIMENTAIRE — EMPLOI

Les tourteaux alimentaires sont les résidus que l'on obtient des graines ou des fruits oléagineux comestibles, après que l'on en a retiré l'huile par expression. On les appelait aussi souvent, autrefois, pains d'huile.

Leur asage dans l'alimentation des animaux est connu depuis longtemps.

La nouvelle maison rustique de Liger, imprimée en 1700, signale l'emploi des tourteaux de navette et de colza à l'état de soupes dans l'alimentation des vaches et des truies ; on y avait recours aussi déjà pour les autres bestiaux et même les chevaux. Toutefois, ce n'est guère que de nos jours que ces aliments concentrés sont entrés dans la pratique courante de l'Économie du bétail.

Le nombre de tourteaux susceptibles d'être consommés par les animaux est assez grand, ainsi que le montre la liste suivante qui, si elle n'est pas complète, renferme au moins les plus importants :

1° Tourteaux d'arachides ;
2° — de chanvre ;
3° — de coprah ;
4° — de coton d'Égypte ;
5° — de coton décortiqué ;
6° — de colza ;
7° — de navette ;
8° — de lin ;
9° — de noix ;
10° — d'œillette ;
11° — de sésame blanc, etc.

Ce qui caractérise les tourteaux au point de vue qui nous occupe, c'est leur richesse en matières albuminoïdes ou azotées digestibles, et leur grande teneur en huile. Sous un faible volume, ils ont une puissance nutritive considérable, et grâce à eux on peut facilement, dans tous les cas, constituer au bétail un régime rationnel. D'autre part, ce sont les aliments qui, en général, fournissent, au plus bas prix de revient, les substances protéiques et grasses[1]. En conséquence, il convient d'y avoir recours pour deux raisons fondamentales : d'abord, parce qu'ils permettent d'établir des rations conformes aux besoins physiologiques des animaux, puis parce qu'ils assurent une alimentation plus économique.

Nous allons examiner successivement les différents tourteaux que nous venons de signaler, au point de vue de leur valeur nutritive, de leur action spécifique, de leur emploi et de leur valeur comparée, sans nous astreindre toutefois à un ordre méthodique quelconque. Nous commencerons par le tourteau de sésame.

---

[1]. En effet, au moment où nous écrivons ces lignes, les tourteaux valent, rendus à Chartres, par quintal :

Sésame blanc du Levant..	17 fr. 50
Coprah 1re qualité.	16 70
Lin.	20 95

Or, si l'on accorde à tous les composés hydrocarbonés, réduits en amidon, une valeur de 10 centimes le kilogr., les éléments azotés ou plastiques seront aux prix suivants, par kilogr. :

Sésame	0 fr. 338
Coprah..	0 520
Lin.	0 480

Tandis que les petites céréales font ressortir, dans les mêmes conditions, la matière albuminoïde aux prix suivants :

Orge.	0 fr. 967
Avoine..	1 183

On pourrait multiplier ces exemples ; mais ce qui précède nous paraît suffisant.

(Octobre 1892).

I

TOURTEAU DE SÉSAME BLANC
DU LEVANT ET DE L'INDE

La graine de *sésame* provient du *Sesamum orientale* et du *Sesamum indicum*. Elle est cultivée dans tout l'Orient et en Afrique. Sa couleur est variable, blanche ou brune plus ou moins foncée ; parfois, les graines sont mélangées.

Le tourteau de sésame *blanc*, qu'il provienne de l'Inde ou du Levant, est le plus estimé comme aliment des animaux.

L'huile de sésame bien préparée par expression à froid est bonne à manger. Elle est recommandable pour la cuisine de la ferme, à cause de son bas prix. Elle est employée couramment pour falsifier l'huile d'œillette, qui est plus chère et plus fine, au grand détriment de la bourse du consommateur et des cultivateurs d'œillette, dont elle déprécie les produits.

La couleur de ce tourteau, comme son nom l'indique, est blanchâtre, surtout sur sa coupe.

La cassure est granuleuse et parsemée de débris jaunâtres de l'épisperme.

Nous lui avons trouvé la composition suivante, dont nous rapprochons celle indiquée par Décugis :

	TOURTEAU DE SÉSAME BLANC		SÉSAME BLANC du Levant (Décugis)
	de l'Inde	du Levant	
Eau.	9.58	10.32	9.44
Matière azotée.	41 50	41.50	36.31
Graisse.	10.76	11.23	10.00
Substances non azotées diverses	20.10	17.23	31.68
Cellulose.	7.06	8.62	
Cendres.	11.00	11.10	12.57
Azote.	6.64	6.64	5.81
Acide phosphorique.	2.83	2.36	2.07
Potasse.	1.06	1.08	» »

En moyenne, on peut donc attribuer au tourteau de sésame blanc la teneur, en éléments nutritifs, ci-après ;

Matière azotée.	39.8
Graisse.	10.7
Matières non azotées.	18.6
Cellulose.	7.8

Si on le compare aux petites céréales, qui ne contiennent en moyenne que 9 et 12 de matières azotées, on constate qu'il est au moins quatre fois plus riche en éléments plastiques. Il renferme deux fois environ plus de graisse que l'avoine et cinq à six fois plus que les autres céréales. Mais, par contre, il est beaucoup plus pauvre en substances analogues à l'amidon.

Il revient aujourd'hui à 17 francs environ les 100 kgr. rendu dans le rayon de Paris, venant de Marseille, son grand centre de production.

Les essais que nous rapportons ci-après et qui ont été faits soit sous notre direction, soit sous celle de MM. de Gasparin et Payen, montrent tout le parti qu'on en peut tirer pour l'engraissement du mouton ou pour la production du lait.

(a) — ESSAIS COMPARÉS D'ENGRAISSEMENT DU MOUTON
AVEC LE TOURTEAU DE SÉSAME BLANC ET LES GRAINS

MM. Oscar Benoist, agriculteur à Cloches, et Jules Milochau, agriculteur au Luet, ont bien voulu, sur nos instances, organiser des essais comparés sur l'engraissement du mouton, pour démontrer les avantages que présente la substitution des tourteaux de *Sésame blanc* aux grains d'orge et d'avoine généralement utilisés en Beauce dans cette entreprise zootechnique.

A cet effet, ils achetaient de concert un lot de 52 moutons, âgés d'un an, et se les partageaient par moitié. Chaque troupe était pesée quelques jours après son arrivée à la ferme à laquelle elle était destinée et divisée en deux lots aussi égaux que possible en poids, de 13 sujets chacun. Les deux lots de Cloches pesaient respectivement, le 7 décembre 1889, 526 kgr. et 526 kgr. 5 ; et ceux du Luet, 516 et 533 kgr. Il eût été difficile de se placer, pour le choix des animaux, dans des conditions plus exactement comparables.

Le programme de l'engraissement à Cloches consistait à faire consommer des racines, du foin et des grains d'une part, et de l'autre des racines, du foin et du tourteau.

L'engraissement au Luet devait se faire avec des pulpes de sucrerie (diffusion) et des grains d'un côté, et de l'autre avec des pulpes et des tourteaux.

Dans les deux opérations, le tourteau était le même et de même provenance.

Ces généralités établies, nous allons rendre compte des deux essais successivement, et chercher à en déduire quelques conclusions dont les cultivateurs puissent tirer profit.

ESSAI D'ENGRAISSEMENT A CLOCHES

Nous donnons dans les tableaux suivants les résultats des pesées effectuées durant la durée des essais sur les deux lots différemment nourris, ainsi que les quantités d'aliments consommés par chacun d'eux.

1er LOT. — 13 moutons d'un an, engraissés au grain

Durée de l'engraissement, 108 jours

PESÉES ET RENDEMENTS

NUMÉROS	POIDS LE 7 DÉCEMBRE 1889	POIDS LE 11 JANVIER 1890	POIDS LE 12 FÉVRIER	DATE DE LA MORT	POIDS CE JOUR	RENDEMENT EN VIANDE	POIDS DE LA LAINE le 2 mars	AUGMENTATION PAR MOUTON laine comprise
	kil.	kil.	kil.		kil.	kil.	kil.	kil.
1	44	49.5	58.5	17 mars	60	28.5	4.2	20.2
2	42.5	49	54	24	61	29	3.5	22
3	51	59	66.5	17	67.5	31.5	4.4	20.9
20	39	46.5	52	31	55	27	4.65	20.65
5	36.5	41.5	47	13	48	25.5	4.2	15.7
6	37	42	42.5	13	45.5	21.5	3.2	11.7
7	38	44.5	50	17	52.5	25.5	3.6	18.1
8	37	41.5	48 •	31	53	23.5	5	21
9	36.5	43	49	31	54	25.5	3.1	20.6
10	41	46.5	52.5	31	56	30	4	19
11	40.5	47.5	51.5	17	55	26	3.9	18.4
12	45.5	56.5	64	13	66	32	4	24.5
13	37.5	45	47	24	50.5	24	4.2	17.2
Totaux.	526.0	612.5	702.5		724.0	349.5	51.95	249.9

Rendement en viande 0/0 de poids vif. . . 48.2

ALIMENTS CONSOMMÉS

DÉSIGNATION DES ALIMENTS	POIDS TOTAL	PAR JOUR et PAR TÊTE	POIDS PAR JOUR pour 1000 k. de poids vivant
	kil.	kil.	kil.
Avoine.	326	0.231	4.62
Orge.	651	0.463	9.26
Carottes.	2.606	1.856	37.12
Luzerne, 2e coupe	977	0 695	13.90

Pour ramener le poids des aliments à 1,000 kgr. de poids vivant, comme il est d'usage dans les études d'alimentation, nous avons pris pour point de départ le poids moyen des animaux pendant l'opération, c'est-à-dire 651 kgr.

2e LOT. — 13 moutons engraissés au tourteau

Durée de l'engraissement, 108 jours 6/10

PESÉES ET RENDEMENTS

NUMÉROS	POIDS LE 7 DÉCEMBRE 1889	POIDS LE 11 JANVIER 1890	POIDS LE 12 FÉVRIER	DATE DE LA MORT	POIDS CE JOUR	RENDEMENT EN VIANDE	POIDS DE LA LAINE TONDUE le 2 mars	AUGMENTATION PAR MOUTON laine comprise
	kil.	kil.	kil.		kil.	kil.	kil.	kil.
14	42	47	51.5	17 mars	56	28	4.5	18.5
15	41.5	48.5	54.5	31	56.5	28.5	4.5	19.5
16	40	46.5	53	17	52	25.5	5.6	17.6
17	39	44	49	13	51	26.5	4.3	16.3
18	42	45.5	50.5	24	51.5	24.5	4.15	13.65
19	40.5	46.5	49	24	52.5	25 .	4.25	16.25
4	42	46	53.5	17	57.5	26	4.3	19.8
21	37.5	43	49	31	53	26.5	5	20.5
22	40.5	45.5	52	31	59.5	29	3.7	22.7
23	39	43.5	47.5	17	52	24.5	3.3	16.3
24	37	41	44.5	13	46.5	23.5	3.9	13.4
25	41.5	48	51	31	56.5	28.5	4.2	19.2
26	44	51.5	58	13	60	30	4.2	20.2
Totaux.	526.5	596.5	663.0		704.5	346.0	55.9	233.9

Rendement en viande 0/0 de poids vif. . . 49.1

• ALIMENTS CONSOMMÉS

DÉSIGNATION DES ALIMENTS	POIDS TOTAL	POIDS PAR JOUR et par tête de 49 kil. 5	POIDS PAR JOUR pour 1,000 kilos poids vif
	kil.	kil.	kil.
Tourteau de sésame blanc. .	667	0.475	9.6
Carottes.	3.149	2.242	45.3
Luzerne..	977	0.695	14.1

Pour faciliter la comparaison des effets produits par les deux régimes, nous avons dressé les courbes des accroissements de poids du mouton moyen dans chaque lot.

TABLEAU DES ACCROISSEMENTS MOYENS

	GRAIN	ACCROISSEMENT	TOURTEAU	ACCROISSEMENT
7 décembre. .	40.4	6.7	40.5	5.4
11 janvier. .	47.1	6.9	45.9	5.1
12 février. .	54.0		51.0	
21 mars. . .	59.0	5.7	58.5	7.5

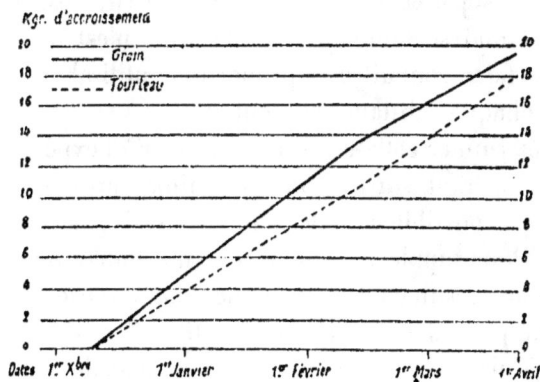

I. — DISCUSSION DES RÉSULTATS DE L'OPÉRATION

Pour nous rendre compte de la valeur comparée des deux régimes soumis à l'expérience, nous avons recherché les compositions de chacun d'eux en analysant les fourrages employés. Nous y avons dosé les principes immédiats les plus importants et nous avons déterminé les éléments chimiques des cendres qui ont le plus de valeur comme engrais. Nous groupons ci-dessous les résultats que nous avons obtenus.

COMPOSITION IMMÉDIATE DES FOURRAGES CONSOMMÉS

	AVOINE	ORGE	LUZERNE	CAROTTES	TOURTEAUX DE SÉSAME
Eau.	13.46	12.48	8.50	86.50	9.41
Matière azotée. . . .	11.25	11.25	18.75	1.73	45.60
Graisse	6.02	2.18	2.50	»	10.96
Amidon	44.00	54.80	4.72	»	8.90
Cellulose brute. . . .	8.50	4.58	20.68	1.22	7.98
Matières extractives non azotées indéterminées. .	15.78	13.18	37.09	9.10	5.55
Cendres.	1.99	1.53	7.76	1.45	11.60
Azote (de la mat. azotée).	1.790	1.80	3.00	0.27	7.30
Acide phosphorique. .	0.768	0.998	0.74	0.12	2.29
Potasse	0.530	0.59	1.34	0.14	1.03
Chaux.	0.190	0.168	2.80	0.08	2.35

Mais ce n'est pas ce qu'on mange qui nourrit, c'est ce que l'on digère ; et l'analyse immédiate à elle seule n'est pas suffisante pour nous faire connaître la proportion, utilisable par l'organisme, de chaque substance alimentaire.

Pour déterminer celle-ci, il faut recourir à l'expérimentation directe, en opérant sur l'organisme animal lui-même. Cela ne nous était pas possible dans les simples essais que nous avions entrepris. Pour suppléer à cette lacune inévitable, nous nous en référerons aux résultats des expériences nombreuses faites antérieurement pour déterminer la digestibilité des fourrages, et nous en déduirons, en les combinant avec ceux de nos analyses, la véritable valeur alimentaire de nos fourrages.

E. Wolff donne, comme moyenne de nombreuses expériences, pour les fourrages qui nous intéressent, les coefficients de digestibilité suivants :

	AVOINE	ORGE	CAROTTES	LUZERNE	TOURTEAU
Matière azotée.	75	79	90	77	80
Graisse.	79	66	50	41	81
Matières extractives non azotées. .	75	90	97	66	77
Cellulose brute..	»	»	»	39	»
Amidon (Muntz et Girard). . . .	100	100	100	100	100

Le coefficient de digestibilité étant la proportion centésimale, utilisable par l'organisme, des principes nutritifs bruts, tels que les donne l'analyse, en multipliant les nombres obtenus au laboratoire par ces derniers, et en divisant par 100, on obtient le dosage en matière réellement nutritive. Ainsi, par exemple, la luzerne renferme 18,75 pour 100 de matière azotée brute, dont le coefficient de digestibilité est 77. L'animal en pourra digérer :

$$\frac{18.75 \times 77}{100} = 14.4$$

La luzerne de seconde coupe que nous avons fait consommer a donc livré à nos moutons 14 0/0 de son poids de matière albuminoïde, le reste étant expulsé sous forme d'excréments solides.

C'est en opérant ainsi que nous avons dressé le tableau qui suit :

ÉLÉMENTS DIGESTIBLES DES FOURRAGES CONSOMMÉS

	AVOINE	ORGE	LUZERNE	CAROTTES	TOURTEAU
Matière azotée.	8.4	8.9	14.4	1.6	36.5
Graisse.	4.8	1.4	1.25	»	8.8
Amidon.	44.0	54.8	4.7	»	8.90
Matières non azotées diverses. .	3.0	6.4	22.9	9.0	2.2
Cellulose..	»	»	8.0	»	»

A l'aide de ces données, nous pouvons maintenant établir la constitution physiologique des deux régimes expérimentés, et les comparer avec les résultats qu'ils ont produits, pour en tirer les enseignements que les essais comportent.

Le lot n° 1, engraissé au grain, a consommé pendant toute la durée de l'engraissement :

	AVOINE	ORGE	LUZERNE	CAROTTES	TOTAUX
	kil.	kil.	kil.	kil.	kil.
Poids brut	326	651	997	2606	»
Éléments digestibles { Matière azotée. .	27.5	57.9	140.6	41.6	267.6
Graisse. . . .	15.6	9.1	12.0	»	36.7
Amidon. . . .	143.4	356.7	45.9	»	546.0
Extractifs divers. .	9.7	41.6	229.4	234.0	514.7
Cellulose.	»	»	78.0	»	78.0
TOTAL des éléments digestifs.					1443.0

Proportion centésimale des matières azotées ou rapport nutritif. 18 0/0

Éléments nutritifs consommés par jour et par tête. . 1 k. 02

Éléments nutritifs consommés par jour et par 1000 k. de poids vif. . . . . 20 k. 40

Le lot n° 2, soumis au régime du tourteau, a reçu :

	TOURTEAU	CAROTTES	LUZERNE	TOTAUX
	kil.	kil.	kil.	kil.
Poids brut.	667	3149	977	»
Éléments digestibles { Matière azotée	243.4	50.3	140.6	394.3
Graisse.	58.6	»	12	58.6
Amidon.	59.3	»	45.9	105.2
Mat. non azotées diverses.	14.7	283.5	229.4	537.6
Cellulose.	»	»	78.0	78.0
TOTAL des éléments nutritifs.				1175.7

Rapport nutritif. 33 0/0

Éléments nutritifs consommés par jour et par tête. . 0 k. 834

Éléments nutritifs consommés par jour et par 1000 k. de poids vif. . . . . 16 k. 8

Si l'on compare les deux régimes, on remarque que le second est beaucoup plus azoté que le premier. Il est probable que le

régime du deuxième lot péchait par un excès de substances albuminoïdes, tandis que celui du premier lot, étant considéré l'âge
tendre des animaux, présentait le défaut contraire.

Avec les grains, chaque kilogramme de poids gagné a exigé
5 kgr. 76 de principes nutritifs.

Avec le tourteau, il en a fallu seulement 5 kgr. On en déduit
que l'emploi du tourteau a été un peu plus favorable, au point
de vue physiologique, que celui des grains.

L'accroissement de poids net a été aussi un peu plus élevé avec
le tourteau qu'avec le grain, puisque le rendement en viande est
de 49,1 avec le premier, tandis qu'il n'est que de 48,2 avec le
dernier.

Notons enfin que la production de la laine a été un peu plus
élevée pour le deuxième lot que pour le premier.

En somme, le régime le plus azoté a produit relativement le
plus de viande et de laine à la fois. Il a assuré une meilleure
utilisation des fourrages. Toutefois, nous croyons qu'on aurait
pu sans inconvénient abaisser l'intensité du rapport nutritif à
25 0/0.

Avant d'aborder l'examen de nos opérations d'engraissement
au point de vue économique, qui est pour nous le plus important, nous avons besoin de rechercher la valeur relative du fumier produit par nos deux lots de moutons. Nous n'avons pas
pu le peser exactement, comme il aurait convenu dans une expérience scientifique. Mais nous arriverons d'une manière indirecte
à déterminer, sinon son poids, du moins, ce qui est plus important, à notre avis, sa valeur fertilisante.

Nous savons en effet que, pour 100 kgr. d'accroissement, le
mouton a fixé dans ses tissus :

    1 kil. 25 d'acide phosphorique.
    1   31 de chaux.
    0   15 de potasse.
    2   6 d'azote.

D'autre part, les expériences magistrales de MM. Muntz et
A.-Ch. Girard ont démontré que, pendant l'hiver, comme c'est
le cas ici, le fumier des moutons retient en tout les 43 centièmes
de l'azote des fourrages, le reste étant fixé dans l'organisme pour
la moindre partie, et volatilisé sous forme d'ammoniaque, et
qu'il n'y a aucune perte des éléments minéraux.

Ces données générales de l'expérience vont nous permettre d'établir, dans les deux opérations d'engraissement qui nous occupent, les quantités totales d'azote, d'acide phosphorique, de potasse et de chaux contenues dans le fumier produit.

Voyons d'abord quelle est la composition minérale du régime au grain, d'après nos analyses, et tirons-en la composition du fumier qui en résulte.

	AZOTE	ACIDE PHOSPHO- RIQUE	POTASSE	CHAUX
	kil.	kil.	kil.	kil.
Avoine 326 kil.	5.87	2.5	1.7	0.6
Orge 651	11.70	6.5	0.4	1.1
Carottes 2606	5.40	3.1	3.6	2.0
Luzerne 977	30.00	4.9	12.7	27.4
Totaux.	52.97	17.0	18.4	31.1
Dans 250 kil. de croît, il y a. .	6.5	3.1	0.4	3.3
On retrouve dans les excréments solides et liquides. . . .	46.47	13.9	18.0	27.8
Perte d'azote à déduire. . .	24.67	»	»	»
Éléments du { Déjections. . .	21.80	13.9	18.0	27.8
fumier. . { Litière, 550 k.[1]. .	2.20	1.6	4.8	2.2
Composition du fumier. . .	24.00	15.5	22.8	30.0

1. Composition de la paille : azote. 0.4
acide phosphorique. 0.3
potasse. 0.9
chaux. 0.4

Avec le régime au tourteau, nous obtenons les résultats suivants :

	AZOTE	ACIDE PHOSPHO- RIQUE	POTASSE	CHAUX
	kil.	kil.	kil.	kil.
Tourteaux 667 kil.	48.7	15.3	6.9	15.6
Carottes 3149	8.5	3.7	14.4	2.5
Luzerne 977	30.0	4.9	12.7	27.4
Totaux.	87.2	23.9	24.0	45.5
Dans 234 kil. de croît, il y a. .	6.08	2.9	0.35	3.0
On retrouve dans les excréments solides et liquides. . . .	81.12	21.0	23.65	42.5
Perte d'azote à déduire. . .	43.6	»	»	»
Éléments du { Déjections. . .	37.5	21.0	23.65	42.5
fumier. . { Litière (550 kil.).	2.2	1.6	4.8	2.2
Composition du fumier.. . . .	39.7	22.6	28.4	44.7

Si nous rapprochons les résultats que nous venons d'obtenir, nous voyons que le deuxième lot a produit un fumier beaucoup plus riche que le premier.

	1er LOT	2e LOT	DIFFÉRENCE
Azote.	24.0	39.7	15.7
Acide phosphorique. .	15.5	22.6	7.1
Potasse	22.8	28.4	5.6
Chaux.	30.0	44.7	14.7

Il contient en effet 65 0/0 d'azote en plus, 45 0/0 d'acide phosphorique, 24 0/0 de potasse et 49 0/0 de chaux.

A l'aide des données précédentes, nous pouvons établir maintenant le bilan de nos deux opérations.

Les 26 moutons avaient coûté 42 fr. la tête avec un droit de cent, c'est-à-dire 1,052 fr. 50. Comme ils pesaient exactement 1052 kgr., le kilogramme de poids vif revenait à 1 fr. Le lot n° 1 a donc coûté 526 fr. et le lot n° 2, 526 fr. 50. Les fourrages

BILAN DE L'ENGRAISSEMENT AU GRAIN

DÉPENSES		RECETTES	
Achat des 13 moutons . .	526f »	51 k. 950 de laine à 1 fr. 70 l'un. . .	88f 31
Frais de berger et de tonte.	12 »	349 k. 5 de viande à 2 fr. 10 l'un . .	733.95
977 k. de grains à 16 fr. 70 le quintal.	163.22	24 k. d'azote à 1 fr. 25 le kil. 30f »	
2.606 k. de carottes à 2 fr. le quintal.	52.10	15 k. 5 d'acide phosphorique à 0 f. 25 le k. 3.87	43.59
977 k. de luzerne à 5 fr. le quintal.	48.87	22 k 8 de potasse 0 fr. 40 le kil. 9.12	
550 k. de paille litière à 3 fr. 50 le quintal. . .	19.25	30 k. de chaux à 0 fr. 02 le k. 0.60	
Intérêt à 5 0/0 des sommes précédentes.	12.31		
Total.	833.75	Total.	864.85

BALANCE

Recettes. . . . . 864 fr. 85
Dépenses. 833   75
Bénéfice. . . . . 31 fr. 10
Soit par tête. . . . . 2 fr. 39

consommés seront estimés au prix moyen de l'époque. Pour le fumier, nous déterminerons sa valeur en admettant que le kgr. d'azote ne vaut que 1 fr. 25 : celui d'acide phosphorique, 0 fr. 25 ; nous estimerons la potasse à 0 fr. 40 et la chaux à 0 fr. 02. Nous avons choisi avec intention des prix peu élevés relativement à ceux des engrais de commerce de même assimibilité, pour ne pas mériter le reproche d'exagération.

BILAN DE L'ENGRAISSEMENT AU TOURTEAU

DÉPENSES		RECETTES		
Achat des moutons . . .	526f50	Produits vendus	(55 k. 90 de laine à 1 fr. 70 le kil. . .	95f03
Frais de tonte et de berger.	12 »		346 k. de viande à 2 fr. 10 le kil. . .	726.60
Paille litière (550 k. à 3 f. 50 le quintal).	19.25		39 k. 7 d'azote à 1 fr. 25 le k. 39f62	
Luzerne (977 k. à 5 fr. le quintal.	48.87	Fumier	22 kil. d'acide phosphorique	57.37
Carottes (3194 k. à 2 fr. le quintal).	62.98		à 0 fr. 25 le k. 5.50	
Tourteau (667 k. à 16 fr. 70 le quintal).	111.38		28 k 4 de potasse à 0 fr. 40 le k. 11.36	
Intérêt à 5 0/0 des sommes ci-dessus.	11.65		44 k. 7 de chaux à 0 fr. 02 le k. 0.89)	
TOTAL.	792.63		TOTAL.	879 »

BALANCE

Dépenses.	792 fr. 63
Recettes	879 »
Bénéfices.	86 fr. 10
Soit par tête.	6 fr. 64

En résumé, l'alimentation au tourteau a été plus économique que l'alimentation au grain. L'excédent de bénéfice s'est élevé par tête à 4 fr. 25.

Il n'est donc pas douteux que les cultivateurs n'aient avantage à vendre leurs grains et à les remplacer par des tourteaux dans les opérations d'engraissement, de façon à combiner un régime ayant un rapport nutritif de 25 0/0 environ, et fournissant par 1,000 kgr. de poids vif et par jour :

Matière azotée digestible.	4.75
Hydrates de carbone divers.	14.25
TOTAL.	19 kil.

quand il s'agit de moutons de 1 à 2 ans.

ESSAI D'ENGRAISSEMENT DU LUET

Tandis qu'à Cloches M. Benoist emploie pour engraisser les moutons le foin, les grains et les carottes, avec les tourteaux, M. Milochau, qui se trouve à proximité de la sucrerie de Béville, a pris pour base du régime les pulpes de diffusion, complétées par les grains ou les tourteaux.

Ici comme à Cloches, on opérait sur 26 moutons divisés en deux lots de 13 têtes. L'engraissement, commencé le 8 décembre 1889, se terminait le 19 mars 1890 pour un lot, et le 26 pour l'autre. Les moutons furent abattus à Chartres, à la boucherie de M. Marion, qui se mit très obligeamment à notre disposition pour déterminer le rendement de chaque animal.

Le mouton n° 7 du 2ᵉ lot, étant atteint de tournis (ou lourdonne) n'a pas été compris dans l'expérience, c'est ce qui explique pourquoi on n'y compte que 12 sujets.

Nous donnons dans les tableaux suivants les résultats des pesées, et le rendement en viande et en laine, en même temps que la somme des aliments consommés.

1ᵉʳ LOT. — 13 moutons d'un an, engraissés à la pulpe et au grain

Durée de l'engraissement, 101 jours

PESÉES ET RENDEMENTS

N°ˢ DES MOUTONS	POIDS AU 8 DÉCEMBRE	POIDS AU 8 JANVIER	POIDS AU 8 FÉVRIER	POIDS (tondus) AU 4 MARS	POIDS à la livraison à la boucherie LE 19 MARS	RENDEMENT EN VIANDE	POIDS DE LA LAINE	AUGMENTATION PAR MOUTON laine comprise
	kil.	kil.	kil.	kil.	kil.	kil.	kil.	kil.
1	42	47	53	52	53	26.5	3.653	14.653
2	38	40	46	44	47	25	»	12.653
3	44	48	52	54	55	27.5	»	14.653
4	45	47	51	49	51	24.5	»	9.653
5	42	45	47	48	51	24.5	»	12.653
6	44	46	48	52	55	25.5	»	14.653
7	42	44	46	48	49	23.5	»	10.653
8	38	41	45	46	47	24.5	»	12.653
9	38	41	43	44	47	22.5	»	12.653
10	36	40	45	44	47	23	»	14.653
11	36	38	43	44	46	22.5	»	13.653
12	36	37	40	42	46	20.5	»	13.653
13	35	42	46	47	50	24	»	18.653
	516	556	605	614	644	314	47.500	175.489

Rendement moyen 0/0 de poids vif. . 48.7

ALIMENTS CONSOMMÉS

DÉSIGNATION DES ALIMENTS	POIDS TOTAL	POIDS PAR JOUR ET	
		PAR TÊTE	PAR 1000 KIL. de poids vif
	kil.	kil.	kil.
Pulpe de diffusion. . . .	7.878	6	129
Avoine.	0.219	0.167	3.6
Orge.	0.438	0.333	7.2
Balles de céréales. . . .	0.300	0.228	4.9

Comme dans les essais précédents nous avons rapporté la ration au poids vif moyen de la période d'engraissement.

2ᵉ LOT. — 12 moutons d'un an, engraissés à la pulpe et aux tourteaux

Durée de l'engraissement, 108 jours

PESÉES ET RENDEMENTS

Nᵒˢ DES MOUTONS	POIDS AU 8 DÉCEMBRE	POIDS AU 8 JANVIER	POIDS AU 8 FÉVRIER	POIDS (tondus) AU 8 MARS	POIDS A LA LIVRAISON 26 mars	RENDEMENT EN VIANDE	POIDS DE LA LAINE	AUGMENTATION PAR MOUTON laine comprise
	kil.	kil.	kil.	kil.	kil.	kil.	k l.	kil.
1	47	50	53	56	56	28	3.846	12.846
2	44	48	50	52	54	26.5	»	13.846
3	43	45	51	49	52	26	»	12.846
4	42	43	47	50	52	26	»	13.846
5	41	45	50	52	55	27	»	17.846
6	42	43	44	50	53	25.5	»	14.846
8	40	43	45	48	50	24	»	13.846
9	41	48	54	54	56	27	»	18.846
10	37	45	51	52	54	25.5	»	20.846
11	39	42	42	43	45	21	»	9.846
12	37	39	41	41	45	21	»	11.846
13	35	38	41	43	46	21.5	»	14.846
	488	529	569	590	618	299	46.500	176.152

Rendement moyen 0/0 de poids vif. . 48.4

ALIMENTS CONSOMMÉS

DÉSIGNATION DES ALIMENTS	POIDS TOTAL	POIDS PAR JOUR ET	
		PAR TÊTE (48 kil.)	PAR 1000 k. poids vif
	kil.	kil.	kil.
Pulpe.	7.776	6	125
Balles (environ).	0.296	0.228	4.9
Tourteau.	0.648	0.500	10.4

Pour rendre plus sensibles les résultats des deux régimes, nous avons dressé ci-dessous les courbes comparées des accroissements de poids du mouton moyen.

POIDS ET ACCROISSEMENT DU MOUTON MOYEN

	1ᵉʳ LOT	ACCROISSEMENT	2ᵉ LOT	ACCROISSEMENT
	kil.	kil.	kil.	kil.
8 décembre. .	39.6	»	40.6	»
8 janvier. . .	42.7	3.1	44.0	3.4
8 février. . .	46.5	3.8	47.4	3.4
8 mars. . .	50.9	4.4	53.0	5.6
19 mars. . .	53.2	2.3	»	»
26 mars. . .	»	»	55.4	2.4

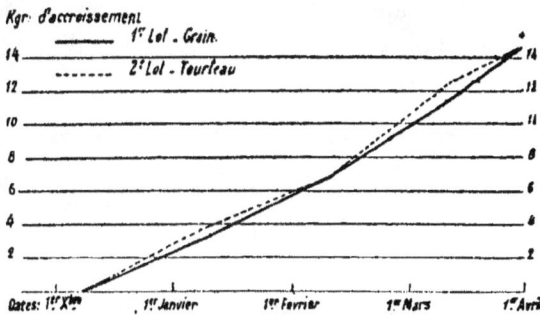

II. — DISCUSSION DES RÉSULTATS DE L'OPÉRATION

Comme précédemment, nous avons analysé les fourrages consommés par les moutons des deux lots, pour déterminer la teneur de chaque régime en principes nutritifs et en principes fertilisants. Le tableau suivant donne les résultats constatés :

COMPOSITION DES FOURRAGES CONSOMMÉS

	PULPES DE DIFFUSION			AVOINE	ORGE	TOURTEAU DE SÉSAME
	FRAICHE	DE 2 MOIS	MOYENNE			
Eau	90.00	90.0	**90.00**	11.40	11.46	9.41
Matière azotée.	1.54	1.76	**1.60**	11.75	9.06	45.60
Graisse.	»	»	»	6.40	2.14	10.96
Amidon.	»	»	»	49.20	60.40	8.90
Cellulose brute.. . . .	1.61	2.16	**1.88**	7.10	4.76	7.98
Matières extractives non azotées indéterminées.	6.28	5.46	**6.37**	12.15	10.35	5.55
Cendres.	0.57	0.62	**0.59**	2.00	1.83	11.60
Azote.	0.247	0.282	**0.264**	1.88	1.45	7.30
Acide phosphorique. .	0.038	0.031	**0.034**	0.80	1.04	2.29
Potasse.	0.084	0.075	**0.080**	0.61	0.69	1.03
Chaux	0.128	0.240	**0.184**	0.22	0.17	2.35

Nous avons donné plus haut les coefficients de digestibilité relatifs à l'avoine, à l'orge et aux tourteaux. Pour les pulpes nous pouvons admettre la même digestibilité que pour les carottes, sans erreur appréciable. Nous déduirons de là le tableau suivant où nous inscrivons les éléments digestibles des fourrages consommés.

	PULPES	BALLES [1]	AVOINE	ORGE	TOURTEAU
Matière azotée digestible.	1.44	1.0	8.81	7.15	36.5
Graisse —	»	»	5.12	1.41	8.8
Amidon —	»	»	49.20	60.40	8.9
Matières diverses. . .	6.18	35.0	2.40	3.27	2.2
Cellulose.	»	»	»	»	»

1. Tables de Wolff.

Les moutons du premier lot, nourris à la pulpe et au tourteau, ont donc reçu durant l'opération les quantités de principes nutritifs qui suivent :

	PULPES	BALLES	AVOINE	ORGE	TOTAUX
	kil.	kil.	kil.	kil.	kil.
Poids brut	7878	300	219	438	»
Matière azotée	113.4	3.0	19.3	31.3	167.0
Graisse	»	»	11.2	6.1	17.3
Amidon	»	»	107.7	264.5	372.2
Extractifs divers. Cellulose	488.4	105.0	5.2	14.3	612.9
TOTAL des éléments digestibles					1169.4

Rapport nutritif (ou proportion centésimale des matières azotées). 14.2 0/0
Éléments nutritifs consommés par jour et par tête (44 k.) 0 k. 890
Éléments nutritifs consommés par jour et par 1.000 k.
de poids vif. 20 2

La substitution du tourteau de sésame, dans l'alimentation
du deuxième lot, a apporté dans la constitution de la ration des
12 moutons qui le formaient les modifications suivantes :

	PULPES	BALLES	TOURTEAUX	TOTAUX
	kil.	kil.	kil.	kil.
Poids brut	7776	296	648	»
Matière azotée	112.0	2.9	236.5	351.4
Graisse	»	»	57.0	57.0
Amidon	»	»	57.7	57.7
Extractifs divers	482.1	103.0	14.3	599.4
Cellulose	»		»	
TOTAL des matières nutritives				1075.5

$$\text{Rapport nutritif}: \frac{351.4 \times 100}{1075.5} = 32.8 \, 0/0$$

Éléments nutritifs consommés par jour et par tête
(48 kil). . . . . 0 k. 829
Éléments nutritifs consommés par jour et par 1000 k.
de poids vif. 17 2

Comme dans les essais de Cloches, le lot n° 2, nourri avec les pulpes et les tourteaux, a reçu une alimentation beaucoup plus riche en substance azotée que le lot n° 1, qui a reçu des pulpes et du grain. Ce dernier aurait sûrement vu sa ration enrichie de matière azotée avec avantage.

Il a fallu pour produire 1 kgr. de poids vif, avec le régime de la pulpe et du grain, 6 kgr. 66 d'éléments digestibles, tandis qu'il n'en a fallu que 6 kgr. 1 en employant le tourteau. Le second mode d'alimentation a donc été plus favorable à la formation de la chair que le premier, et sa constitution immédiate doit être regardée comme un meilleur type à imiter. Une alimentation trop pauvre en matière azotée ne saurait être recommandée pour l'engraissement des moutons d'un an, qui ont non seulement à fabriquer de la graisse, mais surtout à fixer de la substance musculaire azotée.

Les essais de Cloches et du Luct sont d'accord sur ce point entre eux, et avec les expériences antérieures qui sont venues à notre connaissance.

Pour établir le bilan économique de ces derniers essais, bilan qui a pour notre but la plus haute importance, il nous faut déterminer la valeur du fumier produit dans chacun d'eux. Nous aurons encore ici recours à la méthode indirecte que nous avons employée en rapportant les essais de M. Oscar Benoist, et nous admettrons que la quantité de litière employée a été la même dans les deux groupes.

Les moutons nourris à la pulpe et au grain ont absorbé les éléments suivants :

	AZOTE	ACIDE PHOSPHO-RIQUE	POTASSE	CHAUX
	kil.	kil.	kil.	kil.
Pulpe 7 878 k.	20.8	2.7	6.3	14.5
Balles[1] 300	1.2	0.9	2.7	1.2
Avoine 219	4.1	1.7	1 3	0.5
Orge 438	6.4	4.4	3.0	0.7
TOTAUX.	32.5	9.7	13.3	16.9

1. V. page 16, note 1.

En déduisant de ces totaux, les éléments fixés dans le corps animal, par 176 kgr. de croît, soit ;

Azote. 4.57
Acide phosphorique. 2.19
Potasse. 0.25
Chaux. 2.30

il reste pour les excréments solides et liquides les quantités suivantes :

Azote. 27.93
Acide phosphorique. 7.5
Potasse. 13.0
Chaux 14.6

Mais dans les conditions ordinaires de stabulation des moutons, nous savons qu'il y a une perte d'azote considérable, perte qui s'élève à 48 0/0 au moins de l'azote absorbé. Nous ne retrouverons donc dans le fumier que 12 kgr. 4 d'azote au lieu de 27.9 que renfermaient les excréments. De sorte que le fumier, avec la litière, renfermera les éléments portés au tableau suivant.

	DÉJECTIONS	LITIÈRE	TOTAL
	kil.	kil.	kil.
Azote.	12.4	2.2	14.6
Acide phosphorique. . .	7.5	1.6	9.1
Potasse	13.0	4.8	17.8
Chaux.	14.6	2.2	16.8

Les moutons nourris au tourteau ont reçu :

	AZOTE	ACIDE PHOSPHO-RIQUE	POTASSE	CHAUX
	kil.	kil.	kil.	kil.
Pulpe 7.776 k. . . .	20.3	2.7	6.3	14.0
Balles 296	1.2	0.9	2.7	1.2
Tourteau 648 . . .	47.2	15.9	6.7	15.2
TOTAUX.	68.7	19.5	15.7	30.4
A déduire pour le croit. .	4.5	2.2	0.3	2.3
Reste dans les déjections. .	64.2	17.3	15.4	28.1

Si rien n'était perdu, nous aurions à compter sur les éléments qui précèdent pour constituer le fumier. Mais dans les conditions de la pratique ordinaire, si l'on retrouve dans le fumier tous les éléments minéraux des aliments non fixés par les animaux, il n'en est pas de même de l'azote. L'urée des urines passe rapidement à l'état de carbonate d'ammoniaque et se dégage en partie dans l'air, de telle sorte que l'on ne retrouve dans le fumier, au lieu du chiffre indiqué plus haut, que 43 0/0 de l'azote ingéré, soit 29 kgr. 6.

Le fumier du 2ᵉ lot aura donc la composition suivante :

	DÉJECTIONS	LITIÈRE	TOTAL
	kil.	kil.	kil.
Azote.	29.6	2.2	31.8
Acide phosphorique. . .	17.3	1.6	18.9
Potasse.	15.4	4.8	20.2
Chaux	28.1	2.2	30 3

Ainsi le fumier du 2ᵉ lot, qui recevait des tourteaux à la place de grain, contient plus du double d'azote et d'acide phosphorique. Il a donc deux fois plus de valeur.

BILAN DE L'ENGRAISSEMENT A LA PULPE ET AU GRAIN		
DÉPENSES		**RECETTES**
Achat des 13 moutons (516 k) 517ᶠ70		Prix de vente des 13 mou-
7.878 k. de pulpe à 3 fr.		tons. 636ᶠ00
les 1.000 k. . . . 23.60		Vente de la laine (47 k. à
Charroi et ensilage des-		1 fr. 75 le k.). 79.00
dites pulpes[1]. . . . 5.90		14 k. 6 d'azote
300 k. de balles. . . . 9.00		à 1 fr. 25 le k. 18ᶠ25
656 k. 5 de grain à 16 fr. 70		9 kil. 1 d'acide
les 100 k. 109.63		phosphorique
Frais de berger. . . . 9.50	Fumier	à 0 fr. 25 le k. 2.30 } 27.99
— tonte.. . . . . 3.55		17ᵏ 8 de potasse
Intérêt à 5 0/0 des frais ci-		à 0 fr. 40 le k. 7.12
dessus. 9.50		16 k. 8 de chaux
Litière. 19.25		à 0 fr. 02 le k. 0.32
TOTAL des dépenses. . 706.63		TOTAL des récoltes. . 742.99

BALANCE

Recettes.	742 fr. 99
Dépenses.	706 63
Bénéfice.	36 fr. 39
Soit par tête.	2 fr. 79

1. A 0 fr. 75 les 1.000 kilogrammes.

Les éléments de la valeur du fumier, obtenu dans les deux cas, étant déterminés, nous pouvons établir le compte de chaque opération. Les éléments des engrais seront comptés aux mêmes prix que plus haut.

BILAN DE L'ENGRAISSEMENT A LA PULPE ET AU **TOURTEAU**		
DÉPENSES	RECETTES	
Achat de 12 moutons. . . 489ᶠ46	Vente de 12 moutons. . . 605ᶠ77	
7.776 k. de pulpe. . . . 23.32	Vente de 46 k. 5 de laine	
Balles. 9.00	à 1 fr. 75.. . . . . . 77.31	
Frais de berger. 10.00	Fumier / 31 k. 8 azote à	
— tonte. 3.25	1 fr. 25 le k . 39.75	
Tourteaux, 648 k. à 16 f. 70	18 k. 9 ac. phos.	
le quintal. 108.21	à 0 fr. 25 le k. 4.72	53.07
Litière. 19.25	20 k. 2 potasse à 0 fr. 40 le k. 8.00	
Intérêt des frais ci-dessus. 9.93	30 k. 2 chaux à 0 fr. 02 le k. 0.60 /	
TOTAL. 672.42	TOTAL. 736.15	

BALANCE

Recettes. . . . . 736 fr. 15
Dépenses. 672   42

Bénéfice. . . . . 63 fr. 73
Soit par mouton. . . . . 5 fr. 31

Il n'est donc pas douteux que la substitution des tourteaux aux graines n'ait été ici fort avantageuse.

RÉSUMÉ

En somme, les essais précédents démontrent que, dans l'engraissement des moutons en voie de croissance, le cultivateur a un grand intérêt à substituer les tourteaux de graines oléagineuses, et spécialement le tourteau de sésame blanc du Levant, au mélange ordinairement employé d'orge et d'avoine, dans les conditions actuelles du marché.

Que la base du régime soit les racines et le foin, ou les pulpes, les tourteaux gardent leur avantage, car les rations sont d'autant plus productives qu'elles sont plus riches en éléments azotés ou plastiques. En effet, avec un régime renfermant 14 de substance azotée pour 100 d'éléments nutritifs, il a fallu 6 k. 7 de substance alimentaire pour produire 1 kgr. de croît ;

Avec un régime renfermant 16 0/0 de matière azotée, le même accroissement de poids a exigé 5 kgr. 76 d'éléments nutritifs ; avec une ration où la proportion de matière azotée s'élevait à 32 0/0 des éléments digestibles, il a fallu 6 kgr. 1 de substance nutritive pour produire 1 kgr. de poids vif ;

Enfin la ration dont le rapport nutritif s'élevait à 35 0/0 a donné un accroissement de poids de 1 kgr. pour 5 kgr. de substance digestible.

Quant aux bénéfices, ils se sont toujours montrés plus élevés avec les rations riches en matières azotées. Avec les rations relativement pauvres, ils ont été de 2 fr. 39 et 2 fr. 79 par tête, tandis qu'avec les rations riches, ils ont atteint 6 fr. 64 et 5 fr. 31.

(b) — ACTION DU TOURTEAU DE SÉSAME
Sur la production du lait

De Gasparin et Payen ont fait autrefois des expériences, à ce dernier point de vue, sur une vache qui fut successivement soumise au régime ordinaire, puis au régime du tourteau.

Les rations ordinaires comprenaient :

Recoupe	5 k. 334	
Paille d'avoine	10	000
Pulpe de betterave	32	000

Cette dernière renfermait 26 kgr. 667 d'eau.

La ration au tourteau de sésame fut constituée comme il suit :

Recoupe	6 k. 334	
Paille d'avoine	6	000
Tourteau de sésame	6	666
Eau ajoutée au tourteau	26	667

Dans les deux cas, on ajoutait 50 gr. de sel.

Au régime ordinaire, la vache donna 15 litres de lait. Avec le tourteau, elle en produisit 17 litres. Il y eut donc augmentation dans la quantité de plus de 13 0/0.

D'autre part, le lait produit pendant l'alimentation au tourteau présenta une richesse plus grande que d'ordinaire, comme le montrent les analyses suivantes :

	SUBSTANCES sèches	BEURRE
	0/0	0/0
Ration au tourteau	13.95	4.28
— à la betterave.	13.84	3.53

Le litre de lait renfermait donc, sous l'influence des tourteaux de sésame, 21 gr. environ de substances nutritives en
plus que sous l'influence de la betterave, et près de 8 gr. de
beurre.

Il n'est donc pas douteux que le tourteau qui nous occupe ne
soit d'un emploi avantageux dans l'engraissement et la production du lait. Nous pouvons ajouter que beaucoup d'éleveurs de
nos environs l'utilisent aussi avec profit dans l'élevage du
mouton et qu'il est aussi favorable à l'engraissement des bêtes
bovines.

Les quantités à employer varient nécessairement avec la nature de la ration que l'on veut compléter. On peut sans crainte
aller jusqu'à 10 kgr. par 1,000 kgr. de poids vif. Cela correspond à 5 kgr. environ par tête de gros bétail et à 0 kgr. 5 par
mouton. Dans bien des cas, on peut descendre à la moitié de
ces poids et même au tiers.

Le mode de distribution préférable, c'est de le faire absorber
aux bêtes bovines sous forme de soupe tiède (38°) ou buvée. On
peut aussi le mélanger aux racines. C'est en mélange avec les
racines qu'il se donne aux moutons, ou même pur après qu'il a
été concassé. Comme ces tourteaux sont un peu échauffants, il
est bon de faire entrer dans la ration une petite quantité de
graine de lin.

II

TOURTEAU DE COPRAH

Le coprah est l'amande du fruit du cocotier, concassée et séchée au soleil. Il vient de l'Afrique et de l'Inde. Son tourteau est blanc, jaunâtre, farineux, friable. Sa masse est homogène et sa cassure granuleuse. Il est très recommandable pour les vaches laitières.

Il nous a fourni à l'analyse les résultats suivants, que nous mettons en comparaison avec ceux obtenus, d'une part, par M. Decugis, et, de l'autre, sur deux échantillons que nous lui avions envoyés autrefois, par M. A.-C. Girard, chef des travaux chimiques à l'Institut national agronomique.

| | GAROLA | | A. C. GIRARD | | DECUGIS |
	COPRAH blanc	COPRAH ordinaire	COPRAH (A)	COPRAH (B)	COPRAH
Eau..	13.84	17.46	9.98	9.76	12.4
Matière azotée.	20.75	20.25	15.88	19.87	24.1
— grasse. . . .	8.90	6.52	11.18	11.16	4.7
— non azotée.. . .	39.07	40.61	56.46	53.93	52.3
Cellulose.	11.64	9.36			
Cendres.	5.80	5.80	6.50	5.38	6.5
Azote.	3.32	3.24	2.5	3.18	3.86
Acide phosphorique. . .	1.28	1.32	»	»	1.12
Potasse	2.25	2.30	»	»	»

En tenant compte de tous ces résultats, on arrive à la composition moyenne suivante :

Eau..	12.7
Matière azotée.	20.1
Graisse.	8.4
Matières non azotées.	42.3
Cellulose..	10.5
Cendres.	6.0
Azote.	2.25
Acide phosphorique.	1.24
Potasse.	2.28

Au point de vue de la digestibilité, le tourteau de coprah a donné en moyenne, d'après Wolff, les coefficients que nous reproduisons ci-après :

Matière azotée. 73 0/0
Graisse. . . . .   83 —
Matières non azotées. . . . . . .   88 —

Aussi peut-on admettre que 100 kgr. de ce tourteau livrent à la circulation :

14 k. 67 d'albumine.
7   » de graisse.
32   22 d'hydrate de carbone.

Le rapport nutritif est de 27 0/0, c'est-à-dire que sur 100 parties d'éléments nutritifs réels, il y a 27 parties d'albumine. D'autre part, la matière grasse se trouve dans une excellente proportion avec la matière azotée.

Il résulte de ces considérations que le tourteau qui nous occupe constitue un aliment excellent, comme nous allons du reste le démontrer plus loin par l'expérience.

(a) — EMPLOI DU COPRAH
DANS L'ALIMENTATION DES VACHES LAITIÈRES

RÉGIME D'HIVER

Dans le courant de décembre 1890 et de janvier 1891, M. Oscar Benoist a bien voulu essayer, sur notre demande, le *tourteau de coprah* dans l'alimentation des vaches laitières, comparativement avec le son de froment, qui constitue pour les vaches laitières, comme la pratique l'a depuis longtemps démontré, un aliment concentré très précieux.

Les deux vaches choisies pour l'expérience avaient, l'une 10 ans, et l'autre 5 ans. La première avait vêlé le 13 octobre, tandis que la seconde avait mis bas le 10 du même mois.

Chaque bête fut alternativement soumise au régime du son et à celui du coprah. La première débuta par le son pendant 22 jours, pour manger ensuite du coprah pendant 20 jours, et inversement pour la seconde, de manière à éliminer les causes d'erreurs dues aux variations de la température et au temps écoulé depuis le part.

Le fond de la ration était constitué pour chaque bête, en dehors de l'aliment concentré, de betteraves mélangées de menue paille, et de foin de luzerne, avec de la paille à volonté. Nous donnons dans le tableau qui suit la composition de tous les fourrages consommés :

	LUZERNE	BALLES D'AVOINE	BETTERAVES	SON DE FROMENT	COPRAH
Eau.	18.00	8.38	90.50	8.22	8.83
Matière azotée.	14.75	8.00	1.37	14.50	23.06
Graisse.	1.65			1.80	6.32
Amidon.	4.69	54.00	6.06	26.00	42.63
Hydrates de carbone divers. .	37.09			39.88	
Cellulose	16.20	16.10	0.59	4.72	9.24
Cendres	7.62	13.52	1.48	4.88	9.92

En admettant que ces fourrages aient tous joui d'une digestibilité normale, ce qui n'est pas exagéré, et en nous reportant aux indications que nous avons données dans nos études zootechniques sur l'alimentation du bétail[1], nous pouvons conclure que les fourrages employés ont pu livrer à la digestion, par 100 kgr. de poids brut, les quantités suivantes d'éléments nutritifs.

	ALBUMINE	GRAISSE	HYDRATES de CARBONE
	kil.	kil.	kil.
Luzerne.	11.3	0.55	38.0
Balles d'avoine.	2.4	» . » »	32.0
Betteraves	1.3	» . » »	6.0
Son de froment	11.3	1.40	53.0
Coprah	16.8	5.20	37.5

Cela posé pour bien fixer la valeur nutritive des fourrages

1. Bibliothèque du *Progrès agricole*, 1, rue Le Mattre, à Amiens.

employés, nous allons examiner successivement les résultats
obtenus avec nos deux vaches, selon le régime adopté.

Du 2 au 23 décembre, la vache de 10 ans a consommé la ration suivante par jour :

		ALBUMINE	GRAISSE	HYDRATES de CARBONE
	kil.	kil.	kil.	kil.
Betteraves. . .	40.0 =	0.520	»	2.400
Balles	6.0 =	0.144	»	1.920
Luzerne . . .	7.0 =	0.791	0.033	2.660
Son	4.6 =	0.519	0.064	2.438
TOTAUX. . .		1.974	0.097	9.418

Le rapport nutritif est d'environ 17 0/0 et la somme des matières nutritives est de 11 kilog. 489.

Pendant ces 22 jours, la vache a produit 424 litres de lait,
soit en moyenne 19 l. 47 par jour.

Du 23 décembre au 12 janvier, soit pendant vingt jours, cette
vache a mangé 4 kgr. 60 de tourteau de *coprah* à la place de
la même quantité de *son de froment*. Par suite de cette substitution, la ration contenait :

	ALBUMINE	GRAISSE	HYDRATES de CARBONE
	kil.	kil.	kil.
Betteraves, balles et luzerne	1.455	0.033	6.980
Coprah, 4 k. 6.	0.772	0.239	1.725
TOTAUX. . .	2.227	0.272	8.705

La somme des matières nutritives était dans ce cas de
11 kgr. 204, chiffre très voisin du précédent ; mais le rapport
nutritif s'approche de 20 0/0 et est par conséquent plus élevé.

Durant cette 2ᵉ période, la vache a donné 347 litres de lait,
soit par jour 17 l. 35.

La seconde vache, âgée de 5 ans, a reçu d'abord l'alimentation au tourteau de coprah du 2 au 23 décembre. La quantité de

3

tourteau fut de 4 kgr. 05 par jour moyen, en outre de 40 kgr. de betteraves, 6 kgr. de menue paille, et 7 kgr. de luzerne. Elle consommait donc par jour en éléments nutritifs :

	ALBUMINE	GRAISSE	HYDRATES de CARBONE
	kil.	kil.	kil.
Betteraves, balles et luzerne	1.455	0.033	6.980
Coprah, 4 k. 05.	0.68	0.208	1.500
Totaux. . .	2.135	0.241	8.480

Le total des substances nutritives étant de 10 kgr. 856, le rapport nutritif s'élevait à 19,7 ou 20 0/0 en chiffres ronds.

Elle a donné, dans ces conditions, un total de 303 litres de lait, soit 12 l. 87 par jour moyen,

Pendant la seconde période, du 23 décembre au 12 janvier, on a substitué 5 kgr. de son aux 4 kgr. 05 de coprah. La bête recevait donc quotidiennement les éléments nutritifs suivants :

	ALBUMINE	GRAISSE	HYDRATES de CARBONE
	kil.	kil.	kil.
Betteraves, balles et luzerne	1.455	0.033	6.980
Son de froment. . 5 k. =	1.550	0.070	2.650
Totaux. . .	2.005	0.103	9.630

La somme de substances nutritives digestibles a donc été de 11 kgr. 738, et le rapport des éléments nutritifs de 17 0/0.

Avec cette alimentation, la vache a donné, durant ces vingt jours, 240 litres de lait, soit en moyenne 12 litres par 24 heures.

Pour compléter ces résultats bruts de l'expérience, nous avons analysé le lait de nos deux vaches du 22 décembre et du 10 janvier. Nous donnons ci-dessous les dosages constatés :

	SON | COPRAH 1ʳᵉ PÉRIODE (lait du 22 décembre)	
	VACHE de 10 ans	VACHE de 5 ans
	gr.	gr.
Beurre, par litre	40.8	60.8
Lactose (sucre).	43.0	43.0
Caséine et sels.	52.5	52.0
Matière sèche totale. . .	136.3	155.8
	2ᵉ PÉRIODE (lait du 10 janvier)	
	VACHE de 5 ans	VACHE de 10 ans
	gr.	gr.
Beurre, par litre	40.3	51.5
Lactose (sucre).	47.0	47.0
Caséine et sels.	49.0	46.8
Matière sèche totale. . .	136.7	145.3

En examinant ce tableau, il saute aux yeux que le régime au
son a donné un lait beaucoup moins riche en beurre que le régime au *coprah*. Le passage d'une alimentation à l'autre fait
passer le taux du beurre de 40 gr. 8 à 51 gr. 5 pour la vache de
10 ans et de 40 gr. 3 à 60 gr. 8 pour la bête de 5 ans. Dans les
deux cas, l'accroissement de la richesse du lait en beurre est
considérable : 11 et 20 gr. par litre.

Si nous tenons compte de la production en lait et de sa
richesse, nous pouvons résumer comme ci-dessous l'ensemble
de nos observations :

		SON	TOURTEAUX
Vache de 10 ans.	Lait par jour. .	19 l. 27	17 l. 35
	Beurre par litre.	40 gr. 08	51 gr. 05
	Beurre par jour.	786 gr. 06	893 gr. 05
Vache de 5 ans.	Lait par jour. .	12 l. »	12 l. 97
	Beurre par litre.	40 gr. 03	60 gr. 08
	Beurre par jour.	483 gr. 06	788 gr. 06
Moyenne des deux vaches.	Lait par jour. .	15 l. 63	15 l. 16
	Beurre par litre.	40 gr. 05	56 gr. 15
	Beurre par jour.	633 gr. »	851 gr. 02

Si l'on considère le rendement brut en lait, on voit que le son vaut le tourteau de coprah comme aliment concentré, ou à peu près, puisque l'on a obtenu un produit presque identique (15 l. 63 et 15 l. 16) pour une consommation de 4 kgr. 8 du premier, et pour 4 kgr. 35 du second.

Mais, à égalité de lait produit, le tourteau de coprah nous donne par jour beaucoup plus de beurre ; l'excédent constaté s'élève en effet à 218 gr. 2 ou à 34, 4 0/0. Or, le beurre est l'élément le plus précieux du lait, car c'est celui que l'on peut vendre le plus cher. Il n'est donc pas douteux que, si cet excédent de production n'est pas obtenu par un accroissement notable de dépense, la substitution que nous avons expérimentée ne soit très recommandable.

A l'époque où nous avons entrepris ces essais, le tourteau de coprah nous revenait, rendu à la ferme, à 16 fr. 70 les 100 kgr.; le son valait 15 fr. La dépense de son s'élevait par conséquent en moyenne à 4 kgr. 8 × 0 fr. 15 = 0 fr. 72 et à 0 fr. 726 pour le tourteau. Les deux rations avaient donc la même valeur, et l'excédent de beurre constituait un assez beau bénéfice.

Par les temps froids, on extrait en effet du lait, avec l'écrémeuse Cooley, comme nous l'avons démontré dans nos expériences de Gas, 77,6 0/0 du beurre qu'il renferme. Des 218 gr. d'excédent constatés, nous pourrons donc en obtenir pour la vente 169 gr. 2. Mais c'est là du beurre pur et sec ; et l'on sait que le beurre commercial renferme, en général, 18 0/0 d'eau et impuretés. Il en résulte que nous aurons à vendre par jour et par vache nourrie au *coprah* 169 gr. 2 × 1,22 = 206 gr. 4 de beurre en plus. A 2 fr. 50 le kgr. c'est une surproduction de 0 fr. 516 par tête.

Nous pouvons donc conclure de ce qui précède :

1° *Que l'emploi du tourteau de coprah est très avantageux dans l'alimentation des vaches laitières, parce qu'il élève beaucoup le rendement en beurre.*

2° Que, malgré son infériorité sous le rapport de la production du beurre, le son de froment est un aliment concentré recommandable pour la vache, puisqu'à poids égal il assure un volume de lait égal.

S'il est préférable d'utiliser le coprah, il n'en est pas moins vrai que le son n'est pas une substance sans valeur alimentaire, comme on a essayé de le faire croire.

RÉGIME D'ÉTÉ

Pour contrôler les résultats de l'expérience de Cloches sur l'action du tourteau de coprah sur la production du beurre, M. Ovide Benoist, de Gas, a bien voulu se charger de faire un nouvel essai, sur deux vaches, pendant la période estivale d'alimentation au maïs.

Il a donc choisi à cet effet deux vaches de race normande (B. T. Germanicus) ayant mis bas depuis deux mois et se trouvant par suite dans les mêmes conditions relativement à l'aptitude laitière.

Paquerette et *Coquette* (tels étaient leurs noms), furent successivement nourries, chacune pendant quinze jours, avec 60 kgr. de maïs, 2 kgr. de son formant leur ration ordinaire, puis avec la même ration augmentée de 5 kgr. de tourteau de coprah.

En vérité, ce complément d'aliment concentré devait être trop considérable, car les deux vaches, au bout de quelque temps du régime, laissaient du coprah pour n'arriver à le consommer entièrement qu'après 3 ou 4 jours. Il aurait fallu supprimer le son dans le deuxième régime, et diminuer un peu le poids du maïs. — Cet accident diminue un peu la valeur probante de l'essai. Mais, toutefois, les résultats sont encore assez nets, surtout venant après ceux que nous avons constatés à Cloches, pour que le sens des conclusions ne soit pas altéré.

Le maïs vert, qui formait la base de l'alimentation, a été analysé à trois reprises différentes et a donné les résultats suivants :

	5 SEPTEMBRE	19 SEPTEMBRE	3 OCTOBRE	MOYENNE
Eau	84.7	82.2	84.5	83.8
Matière sèche	15.3	17.8	15.5	16.2
Albumine	1.56	1.49	1.39	1.48
Graisse	1.42	1.30	1.42	1.38
Extractifs non azotés. . .	7.55	10.37	8.03	8.65
Cellulose.	3.75	3.49	3.66	3.63
Cendres	1.02	1.15	1.00	1.05

Les écarts de composition sont relativement faibles, et nous pourrons dans les calculs suivants prendre la moyenne comme base générale.

Le son et le tourteau de coprah contenaient :

	SON	COPRAH
Eau	8.20	17.8
Matière sèche.	91.8	82.2
Albumine	14.5	22.5
Graisse	1.8	6.5
Extractifs non azotés.	65.9	38.1
Cellulose	4.7	9.3
Cendres.	4.8	5.8

En admettant ces fourrages doués d'une digestibilité normale, la ration ordinaire de la vacherie comprenait donc, par tête, en éléments digestibles [1] :

	ALBUMINE	HYDRATE DE CARBONE	GRAISSE
	kil.	kil.	kil.
Maïs, 60 k.	0.595	4.789	0.538
Son, 2 k.	0.226	0.555	»
Total. . .	0.821	5.344	0.538

1. Les coefficients de digestibilité admis, d'après Wolff, sont :

	MATIÈRE AZOTÉE	GRAISSE	EXTRACTIFS	CELLULOSE
Son.	78	89	82	»
Coprah.	73	83	88	»
Maïs vert.	67	65		

Avec l'addition de 5 kgr. de tourteau de coprah, la ration devenait :

	ALBUMINE	HYDRATE DE CARBONE	GRAISSE
	kil.	kil.	kil.
Fond de ration.	0.821	5.344	0.538
5 k. de coprah.	0.821	1.676	0.270
TOTAL. . .	1.642	7.020	0.808

Ces indications préliminaires étant données, voyons les résultats comparatifs obtenus avec chaque vache.

Le jaugeage du lait a donné les volumes suivants :

		COQUETTE	PAQUERETTE
		litres	litres
Avant l'essai.		16	15
1re quinzaine. { Coprah.		17	»
{ Sans coprah. . .		»	14
2e quinzaine. { Coprah.		»	13.33
{ Sans coprah. . .		14.5	»

Pour *Coquette* le rendement en lait a été sensiblement augmenté : 1 lit. 5 en moyenne. Pour *Paquerette*, qui n'a accepté la ration qu'avec difficulté, la variation du lait est peu sensible.

Mais nous savons que ce tourteau semble avoir plutôt une action marquée sur le rendement en beurre que sur le volume du lait. Nous avons donc soumis le lait, à diverses reprises, à l'analyse chimique. Le tableau suivant donne les résultats que nous avons relevés :

VARIATIONS DE LA COMPOSITION DU LAIT

	RÉGIME ORDINAIRE SANS COPRAH						
	COQUETTE			PAQUERETTE			
	1°	2°	Moyenne	1°	2°	3°	Moyenne
	gr.	gr.	gr.	gr.	gr.	gr.	gr.
Matière sèche. .	130.6	145.5	**138.0**	136.4	129.7	125.8	**130.6**
Beurre.. . . .	49.4	53.4	**51.4**	47.0	50 8	45.2	**47.6**
Sucre.	47.0	55.0	**51.0**	48.0	52.0	47.0	**49 0**
Caséine et sels. .	34.2	37.5	**35.8**	41.4	26.9	33.6	**33.9**

	RÉGIME AU COPRAH			
	COQUETTE			PAQUERETTE
	1°	2°	Moyenne	1°
	gr.	gr.	gr.	gr.
Matière sèche.	139.8	132.0	**135.9**	155.9
Beurre.	54.0	53.0	**53.5**	59.0
Sucre.	48.0	51.0	**50.5**	53.5
Caséine et sels. . . .	37.8	28.0	**32.9**	43.4

On voit que, pour chaque vache, le coprah a augmenté la proportion du beurre par litre de lait :

	COQUETTE	PAQUERETTE
	gr.	gr.
Sans coprah.	51.4	47.6
Avec coprah.	53.5	59.0
Gain.	2.1	11.4

La quantité totale de beurre produite par jour a été beaucoup plus grande avec l'emploi du tourteau de coprah qu'avec le maïs et le son seuls.

	COQUETTE	PAQUERETTE	MOYENNE
	gr.	gr.	gr.
Régime ordinaire	742	666	**704**
Id. + coprah. .	909	796	**852**
Gain total. . .	167	130	**148**
Gain.	21 0/0		

Pour compléter et vérifier ce qui précède, nous avions prié M. Ovide Benoist de faire crémer et de baratter séparément le lait produit avec le régime ordinaire et celui obtenu sous l'influence du coprah. Dans une expérience, tandis qu'il obtenait 38 gr. 5 de beurre en motte par litre de lait avec le régime au tourteau, notre ami n'en retirait que 30 gr. 8 du lait provenant du régime ordinaire. La ration expérimentée donnait ainsi près de 8 gr. de beurre marchand de plus par litre, ou 26 0/0.

Le coprah augmente donc bien sûrement la proportion de beurre produite par chaque vache, mais, en outre, il semble produire un beurre plus facile à extraire. — Un cultivateur distingué des environs de Voves, qui emploie beaucoup le coprah, en été, nous a confirmé dans cette idée, car il a remarqué depuis longtemps que l'emploi du fourrage concentré donne un beurre plus facile à préparer et plus ferme.

Au point de vue de leur composition immédiate, les deux beurres ne nous ont pas présenté de notables différences.

	COPRAH	MAIS SEUL
Matière grasse.	86.18	87.07
Cendres.	0.12	0.13
Eau..	13.70	12.80

Le beurre au coprah était d'une couleur un peu plus pâle, et M. Benoist le caractérise en disant qu'il était plus graisseux et moins parfumé, quoique sans aucun mauvais goût.

Pour ma part, j'ai goûté les deux échantillons et je les ai trouvés d'excellente qualité tous les deux. Voulant avoir à leur sujet une dégustation indépendante de toute idée préconçue, j'ai fait goûter les deux échantillons par une personne ignorant leur provenance, et par conséquent la différence de régime des animaux. Elle a trouvé le beurre de coprah légèrement supérieur à l'autre.

« Nous ne croyons donc pas exagérer en concluant que l'emploi du *coprah* se recommande dans l'alimentation des vaches laitières, parce qu'il augmente très sensiblement la production du beurre, sans nuire à la qualité du produit. »

ESSAI DU TOURTEAU DE COPRAH A ALLUYES

Avec le concours de M. Jobard, professeur d'agriculture de l'arrondissement de Châteaudun, nous avions entrepris, à

Alluyes, chez M. Sadorge, cultivateur, un essai sur l'introduction de tourteau de coprah dans le régime des vaches.

L'essai a été divisé en trois périodes.

Pendant la première, qui a duré du 14 au 28 mars 1892, les deux vaches choisies, *Bijou* et *Roselle*, ont été nourries comme d'habitude. Elles recevaient chaque jour, par tête, 8 kgr. 500 de betteraves et balles, et 7 kgr. 500 de foin mélangé luzerne et sainfoin.

Ces fourrages ont donné à l'analyse les résultats consignés ci-après :

	BALLES D'AVOINE	LUZERNE SAINFOIN	BETTERAVES
Eau.	9.0	9.1	84.00
Matière azotée.	9.2	15.8	1.05
Graisse.	47.1	1.9	11.80
Matières non azotées diverses.		44.3	
Cellulose.	26.8	22.4	0.98
Cendres	7.9	6.5	2.16

Nous devons admettre que ces fourrages jouissaient au moins d'une digestibilité moyenne et par conséquent nous pouvons leur appliquer les mêmes coefficients qui nous ont servi dans nos précédents essais. Il en résulte que leur valeur alimentaire réelle est représentée par les chiffres suivants :

TENEUR DES FOURRAGES EN ÉLÉMENTS DIGESTIBLES

	BALLES	LUZERNE SAINFOIN	BETTERAVES
Albumine	2.7	12.1	0.90
Hydrates de carbone. . .	29.7	39.0	11.40

La ration ordinaire distribuée aux vaches de M. Sadorge renfermait dès lors en éléments utiles les quantités calculées ci-après :

	ALBUMINE	HYDRATE DE CARBONE
	kil.	gr.
Foin de luzerne sainfoin, 7 k. 5. . .	0.907	2.925
Balles, 1 2. . .	0.032	0.356
Betteraves, 7 3. . .	0.066	0.835
TOTAL.	1.005	4.116

Les vaches pesaient en moyenne à cette époque 610 kgr. l'une, et recevaient par 1,000 kgr. de poids vivant :

1 k. 6 d'albumine.
Et 6 7 d'hydrate de carbone.

Pendant cette période d'observation préparatoire, on a mesuré le lait produit par chaque vache, et déterminé le beurre obtenu par le barattage d'un même volume de 9 litres de lait pour chaque bête.

Du 28 mars au 4 avril, on a habitué les vaches à leur nouveau régime en leur donnant du tourteau d'une manière progressive.

A partir du 4 avril, jusqu'au 19 inclus, on a donné à chaque vache un supplément de 4 kgr. de tourteau de coprah. La ration était donc alors composée comme il suit :

	ALBUMINE	HYDRATES DE CARBONE
Ration ordinaire	1.005	4.116
4 kil. de coprah	0.672	1.708 [1]
TOTAUX.	1.677	5.824

1. Voir composition page 32.

Le lait produit a été mesuré, et un essai du beurre a été fait ; un boucher expérimenté a été appelé au début de la période d'essai et à la fin pour estimer le poids vivant des sujets, car il n'y avait pas à la ferme de bascule qui permît de faire la pesée des animaux.

Enfin pendant une dernière période, du 20 avril au 4 mai, on a supprimé le tourteau, pour revenir au régime primitif. Le lait a été exactement mesuré, et le beurre extrait par le barattage.

Nous réunissons dans le tableau suivant les résultats observés à l'étable.

		BIJOU	ROSETTE	MOYENNE
1re période du 14 au 28 mars.	Lait total.	63 l. 5	55 l. 50	»
	Lait par jour.	4 l. 23	3 l. 70	3 l. 96
	Beurre extrait par litre. .	23 gr. 90	31 gr. »	27 gr. 45
3e période du 20 avril au 4 mai	Lait total.	66 l. 65	58 l. 50	»
	Lait par jour.	4 l. 45	3 l. 90	4 l. 17
	Beurre extrait par litre. .	27 gr. 8	36 gr. 1	31 gr. 9
Du 28 mars au 4 avril, transition pour amener les vaches à manger du tourteau.				
2e période (coprah) du 4 au 19 avril.	Lait total.	75 l. 50	70 l. 25	»
	Lait par jour.	5 l. 3	4 l. 68	4 l. 86
	Beurre extrait par litre. .	34 gr. 4	39 gr. 4	36 gr. 9
	Gain de poids (estimé) total du 28 mars au 20 avril (22 jours)	50 k. »	62 k. 5	56 k. 25
	Gain par jour.	2 k. 27	2 k. 83	2 k. 55

Si l'on compare la production du lait et l'extraction du beurre pendant l'alimentation au coprah et pendant le régime ordinaire, on remarque une augmentation notable. De 3 lit. 96 et 4 lit. 17 ou en moyenne 4 lit. 06, le lait passe à 4 lit. 86, en augmentation de 800 centimètres cubes ou 20 0/0. Le beurre extractible s'est accru de 5 gr. par litre ou 16,7 0/0.

D'autre part, tandis que le régime ordinaire donne 120 gr. de beurre par jour, le régime au coprah en fournit 179 gr. ou 59 gr. de plus. Nos expériences antérieures sont beaucoup plus démonstratives sous ce rapport. Mais ce qui frappe ici, c'est le rapide engraissement des animaux qui n'ont qu'une très faible aptitude laitière. Le boucher chargé de l'appréciation des animaux après les trois semaines de régime au coprah, déclare qu'ils sont méconnaissables. Leur gain de poids s'élève à 56 kgr. 25 en moyenne ou 2 kgr. 55 par jour et par tête.

Le coprah a donc influencé légèrement la production du

lait et du beurre, ce qui confirme les résultats rapportés plus haut. Mais comme nous avions affaire à des vaches à fin de lactation et d'une faible aptitude laitière, son effet s'est manifesté d'une manière tout à fait remarquable sur l'engraissement.

Nous pouvons estimer le gain de lait à 0 fr. 12 par jour, en moyenne ; celui de poids vif, à raison de 0 fr. 80 le kgr. à 2 fr. 04 ; en somme leur produit brut résultant de l'emploi du tourteau s'élève à 2 fr. 16. Comme le tourteau de coprah nous revient à 17 fr. les 100 kgr., nous avons dépensé par tête et par jour, en sus du rationnement ordinaire la somme de 0 fr. 68. Le bénéfice de l'opération n'est donc pas moindre de 1 fr. 48 par jour.

Pour compléter les renseignements qui précèdent, M. le professeur Jobard a dégusté comparativement le beurre produit sous l'influence des deux régimes.

Avec l'alimentation au coprah, dit-il, la saveur du beurre n'était plus la même que sous l'influence du régime ordinaire. Moins fade, il rappelait un peu le goût de noisette. La coloration était aussi un peu plus accentuée.

D'un autre côté, nous avons analysé les divers échantillons de beurre qu'avait préparés notre dévoué collaborateur, et nous réunissons ci-après les résultats de nos recherches. (Voir tableau page 46.)

Si l'on compare la moyenne, pour les deux vaches, des périodes englobantes durant lesquelles les animaux n'ont reçu que du foin et des betteraves, à la même moyenne pour le régime au coprah, on constate qu'il n'y a que de très petites différences, soit :

Pour l'eau. . . . . $+ 2.7$[1]
— la matière grasse . . . . . . $— 1.1$
— la caséine. . . . . $— 1.6$
— les cendres . . . . $+ 0.01$
— le point de fusion. . . . . . $+ 0°25$
— la proportion des acides gras fixes. $— 4.1$
— le point de fusion de ceux-ci. . $+ 0°05$

Le beurre obtenu avec le coprah est un peu moins riche en acide gras que le beurre du régime ordinaire.

1. + En plus dans le beurre de coprah.
— en moins   id.

		PÉRIODES			
		1re	3e	MOYEN	2e COPRAH
		SANS COPRAH			
Eau. . . .	Bijou. . . .	14.35	14.00	14.17	15.50
	Rosette. . .	12.83	16.00	14.45	18.56
	Moyenne. .	13.6	15.00	14.26	17.00
Graisse. . .	Bijou. . . .	82.6	82.4	»	82.9
	Rosette. . .	84.8	81.0	»	80.3
	Moyenne. .	83.7	81.7	82.7	81.6
Caséine, etc .	Bijou. . . .	3.0	3.5	»	1.5
	Rosette. . .	2.3	2.9	»	1.2
	Moyenne. .	2.6	3.2	2.9	1.3
Cendres. . .	Bijou. . . .	0.07	0.09	»	0.11
	Rosette. . .	0.08	0.12	»	0.09
	Moyenne. .	0.075	0.10	0.09	0.10
Point de fusion du beurre .	Bijou. . . .	27°0	27°5	»	27°2
	Rosette. . .	26°2	26°8	»	27°0
	Moyenne. .	26°6	27°1	26°85	27°1
Proportion des acides gras.	Bijou. . . .	»	85.8	»	84.0
	Rosette. . .	»	86.5	»	83.0
	Moyenne. .	89.1	86.1	87°6	83.5
Point de fusion des acides gras	Bijou. . . .	36°8	37°2	»	36°5
	Rosette. . .	36°0	36°8	»	37°0
	Moyenne. .	36°4	37°0	36°7	36°75

On admet qu'en moyenne le beurre renferme 87,5 0/0 d'acides gras fixes et insolubles, et l'on a observé des variations de 85 à 90 0/0.

Le coprah semble avoir diminué un peu la proportion de ces acides. Son introduction dans le régime n'aurait donc pas pour effet de faire confondre le beurre ainsi produit avec un beurre margariné, ce qui est très important au point de vue pratique.

III

TOURTEAUX DE COTON

Le *Tourteau de coton* est fabriqué avec le grain du cotonnier ; il est vert lorsqu'il est récent, et devient brun ou noirâtre en vieillissant. On y trouve une quantité variable de brins de coton, et de débris noirâtres et testacés de l'enveloppe externe de l'amande.

On distingue les tourteaux de coton *cotonneux*, qui renferment d'abondants filaments, et que nous ne saurions recommander autrement que comme engrais ; les tourteaux de coton d'*Egypte* ou du *Levant*, fabriqués avec la graine bien débarrassée de filaments ; et enfin, les tourteaux de *coton* décortiqué ou d'Amérique, dans lesquels on a enlevé le testa de la graine, et qui sont à la fois les plus riches et les plus favorables pour les jeunes animaux.

Nous avons analysé les deux derniers ; nous joignons à nos analyses les résultats obtenus par Décugis et Woelcker :

| | GAROLA | | DÉCUGIS | | WŒLCKER |
	COTON d'Alexandrie	COTON décortiqué	TOURTEAU d'Alexandrie	TOURTEAU cotonneux	COTON décortiqué
Eau.	12.44	7.78	9.3	9.15	9.28
Matière azotée. . . .	28.00	47.81	24.1	20.2	41.12
Graisse	5.86	12.87	6.1	5.3	16.05
Extractifs non azotés. .	40.64	20.84	54.5	58.6	25.5
Cellulose.	8.14	3.80			
Cendres.	4.92	6.90	5.96	6.4	8.05
Azote.	4.48	7.65	3.86	3.4	6.58
Acide phosphorique. .	1.85	3.33	1.62	1.99	»
Potasse.	0.98	0.98	»	»	»

Le tourteau de coton d'Alexandrie est très estimé dans l'alimentation des vaches laitières. Il est d'autant plus avantageux qu'il est d'un prix peu élevé. A l'heure où nous écrivons ces lignes, il est coté 10 fr. 50 les 100 kil. sur wagon à Marseille : ce qui correspond environ à 14 fr. rendu chez nous. Nous pourrions citer plusieurs vacheries, dirigées dans le sens de la vente du lait en nature, situées dans les environs de Nancy, où ce tourteau a donné des résultats très satisfaisants.

Les ruminants âgés ont une très grande puissance de digestion par la cellulose. Dans notre « *Alimentation des animaux de la ferme* », publiée chez l'éditeur G. Masson en 1878, nous rapportons les résultats obtenus dans la digestion du ligneux pour les bovidés, d'après Haubner, Sussdorf et Stœckhardt :

1º D'une pâte à papier très fine. . .	70 à 80	
2º D'un foin coupé à la floraison. . .	60 à 70	
3º D'une pâte à papier de paille et sciure de bois..	40 à 50	
4º De sciure de sapin.	30 à 40	

D'où il suit que les filaments cotonneux et les fragments testacés ne présentent pour les bovidés aucun inconvénient.

Mais ce tourteau doit être proscrit dans l'alimentation des jeunes. M. Fagot, agriculteur distingué des Ardennes, nous a rapporté plusieurs accidents mortels survenus dans son élevage de veaux par suite de l'emploi du tourteau de coton d'Egypte.

On conçoit facilement que l'estomac des jeunes bovidés ne puisse arriver à dissoudre les filaments de coton et les fragments durs et cornés du testa. Ces parties indigestes encombrent le feuillet et tapissent la caillette, qui sont par suite paralysés dans leur action,

Le tourteau de coton décortiqué, qui est livré en farine grossière, au prix de 17 fr. les 100 kgr., à Rouen ou le Havre, convient parfaitement pour la nourriture des jeunes animaux. Nous l'avons recommandé autrefois, en mélange, par parties égales, avec le son de froment, et avec 1/5 de farine de lin, comme première alimentation des agneaux. Il convient à plus forte raison dans l'alimentation des animaux adultes, pour l'engraissement comme pour la production du lait.

Woelcker, en 1888, a fait une expérience décisive sur la valeur nutritive comparée du tourteau de coton décortiqué, addi-

tionné de son poids de farine de maïs et du tourteau de lin,
dans l'engraissement des bovidés.

Six bœufs divisés en deux lots pesaient à l'origine :

Lot n° 1 . . . . 1.482 kgr.
Lot n° 2 . . . . 1.437 —

Chacun de ces lots reçut la même quantité de betteraves
hachées, de foin et de paille découpés. Comme supplément nutritif, on donnait au premier lot du tourteau de coton et de la
farine de maïs, tandis que le deuxième lot avait du tourteau de
lin.

Pendant les deux mois que dura l'expérience, le 1er lot con-
somma :

Betteraves . . . . 1.713 kgr.
Foin. . . . . 457 —
Paille. . . . . 234 —
Farine maïs. . . . . 660 —
Tourteau de coton décortiqué . . 660 —

Ce tourteau intervenait donc dans la ration pour 3 kgr. 6 par
jour et par tête.

Le deuxième lot consommait pendant le même temps :

Betteraves. . . . . 1.714 kgr.
Foin. . . . . 457 —
Paille. . . . . 234 —
Tourteau de lin. . . . . 1.320 —

Soit 6 kgr. 8 de ce dernier par jour et par tête.

Or, tandis que l'accroissement de poids des bœufs nourris au
tourteau de coton décortiqué, additionné de farine de maïs,
s'élevait à 222 kgr. 7, il n'était que 188 kgr. 9 avec le tourteau
de lin. Chaque bœuf avait gagné, dans le premier cas, 1 kgr. 180
par jour, et seulement 0 kgr. 960 dans le second.

Mais, de plus, la ration au tourteau de coton était plus économique. Au prix d'aujourd'hui, le coton décortiqué étant à
19 fr., et le maïs concassé à 16 fr. rendus à la ferme, les aliments concentrés distribués au premier lot reviendraient à :

Tourteau de coton : 660 kgr. × 0,19 = 125 fr. 40
Maïs : 660 kgr. × 0,16 = 105 60

TOTAL . . . . 231 fr. »

4

Le lin coûterait d'autre part 19 fr. 50 les 100 kgr., soit en tout, pour le 2ᵉ lot, 257 fr. 40. De sorte que, d'une part, on a un gain de poids vif de 40 kgr. avec le coton, coïncidant d'une autre part avec une diminution de dépenses de 26 fr. 40.

Le mélange de tourteaux de coton décortiqué et de maïs s'est donc montré largement supérieur au lin pur. Et comme ce dernier est, du consentement unanime des praticiens, un des tourteaux les meilleurs, il est incontestable que celui qui nous occupe mérite une estime toute particulière dans l'engraissement.

Je signalerai aussi une expérience de M. Eloire *(Progrès agricole* du 15 novembre 1891), où les deux mêmes vaches furent soumises pendant deux périodes successives à une alimentation différente : pendant la première période, les deux vaches recevaient par tête :

Paille.	6 kgr.	
Foin..	6	
Tourteau de coton.	3	
Son.	0	75

et donnaient en moyenne : 12 litres 5 de lait, renfermant 37 gr. de beurre pour 1,000. Chaque bête fournissait donc 462 gr. 05 de beurre.

Dans la 2ᵉ période, chaque vache mangeait :

Paille.	6 kgr.	
Foin..	6	
Tourteau de lin.	1	5
Son.	0	75

Le rendement moyen en lait était de 11 litres 1, d'une richesse en beurre de 33 gr. 4. Le beurre produit par jour s'élevait par tête à 370 gr. 07.

On voit que le tourteau de coton agit nettement sur la sécrétion du lait et sur la production du beurre. Comme le sézame et le coprah surtout, il les augmente l'une et l'autre. Sa comparaison avec le tourteau de lin par Woelker et Eloire a donc tourné à son avantage.

Nous ne terminerons pas cette étude sur le tourteau de coton, sans rappeler les excellents résultats obtenus par M. Vitalis, dans l'alimentation des brebis laitières de Larzac avec le coton d'Alexandrie.

« Les essais auxquels je me suis livré durant trois années consécutives, dit cet agriculteur[1], sur mon troupeau de Larzac, ont été concluants au plus haut degré. Au début de l'expérience, pour bien me rendre compte de l'efficacité du tourteau de coton, j'ai séparé 10 brebis nourrices à l'époque de la traite et leur ai donné à chacune une ration quotidienne de 250 grammes de tourteau concassé en deux repas, soit 125 grammes le matin et autant le soir. Ces brebis, qui recevaient avant un tel essai une ration de regain évaluée à 1 kgr. par jour et par tête, n'en reçurent plus que 0 kgr. 300. L'augmentation du rendement en lait fut sensible dès les premiers jours : ces dix bêtes en arrivèrent à donner une quantité de lait égale au produit de 14 brebis soumises au régime ordinaire du regain. Il ne restait qu'à s'incliner devant un résultat aussi manifeste, que pour rendre plus éclatant j'ai voulu prouver par l'expérience inverse. J'ai alors séparé 10 autres brebis, auxquelles j'ai donné la ration de tourteau et de regain que recevaient les 10 premières, et celles-là je les ai remises au régime ordinaire. Alors, chez les premières, le lait a graduellement augmenté, tandis qu'il diminuait et reprenait son niveau habituel chez les dernières. »

M. Vitalis ajoute que, par l'emploi du tourteau de coton, le prix de revient de ses rations de brebis a pu être abaissé de 10 à 6 centimes.

Il a constaté, en outre, que par l'emploi du tourteau, la proportion de laine lavée à l'eau bouillante et à la soude, par rapport au poids de la laine brute en suint, avait augmenté sensiblement. Avant l'usage du tourteau, la laine rendait 36 0/0 au maximum ; après, au contraire, elle a donné 37.4 en 1878, 38 en 1879, et 39,8 en 1880. Cette progression est significative.

Les résultats que nous venons de rapporter montrent quels avantages les agriculteurs peuvent tirer de l'emploi des tourteaux de coton. Il nous reste à voir comment on doit les distribuer.

Les tourteaux de coton prennent une saveur qui déplaît au bétail, quand on les fait bouillir avec l'eau. On ne doit donc pas les distribuer en soupes ou buvées tièdes.

1. *Journal d'Agriculture pratique* (25 nov. 1880).

Il convient de les concasser en poudre assez fine, sans toutefois les réduire en poussière. Ils sont parfois si durs que les ruminants répugnent à les manger, ou contractent la diarrhée, par suite de leur ingestion forcée. On évite toute difficulté en ayant soin de concasser le tourteau une bonne semaine à l'avance, de façon qu'il puisse se ramollir en absorbant l'humidité atmosphérique, sans toutefois moisir. On évite les moisissures en plaçant le tourteau dans un grenier bien aéré.

IV

TOURTEAU DE COLZA

Le colza est une crucifère, dont la graine oléagineuse produit une huile employée à l'éclairage surtout, après épuration. On le cultivait beaucoup plus autrefois qu'aujourd'hui, en France. La concurrence des graines exotiques, favorisée par les néfastes traités de 1860, a fait disparaître cette culture de bien des départements où elle était prospère. Depuis dix ans que nous l'habitons, nous n'en avons pas rencontré un seul champ dans la Beauce, qui en produisait tant jadis, et qui y reviendrait sûrement, si notre régime économique était modifié conformément aux intérêts de l'agriculture française, qui forme la grande majorité de la nation.

En dehors des départements qui bordent la Manche, il n'y a guère que l'importation de l'étranger qui alimente les fabriques d'huile de colza. L'Angleterre, la Belgique, les Pays-Bas, l'Allemagne, la Russie, l'Amérique et l'Inde nous en envoient de grandes quantités.

Les graines de l'Inde sont souvent mélangées de moutarde. Celle-ci rend le tourteau dangereux pour l'alimentation. En étudiant les procédés de diagnose des tourteaux, nous indiquerons le moyen de déceler cette fraude. Le tourteau de colza, pur, est assez friable. Sa couleur est brun-verdâtre, son odeur rappelle un peu celle de l'huile de colza. Il est chiné noir, rouge et jaune.

Le tourteau de colza exotique est plus dur, plus cassant et d'un grain plus fin.

Le tourteau indigène, exempt de moutarde, a une valeur nutritive très voisine de celle du tourteau de lin. Nous en donnons ci-après la composition :

	WOELCKER	BOUSSINGAULT	GIRARDIN	WOLFF
Eau.	10.68	10.5	13.2	15.0
Matière albuminoïde	29.53	30.75	34.4	28.4
Graisse.	11.10	10.0	14.1	9.0
Matières non azotées. . . .	40.90	41.05	31.8	40.2
Cendres	7.79	7.7	6 5	7.4
Azote	4.7	4.92	5.50	4.53
Acide phosphorique	»	3.90	2.1	2.5

Il renferme donc de 28 à 34 de matière azotée et de 9 à 14 0/0 d'huile.

Le tourteau de colza exotique et de l'Inde [1] renferme en moyenne :

Eau. 8.50
Matière azotée. 34.60
Graisse. 8.29
Cendres. 8.96

mais ne saurait être conseillé comme aliment, à cause de ses fréquentes impuretés qui le rendent dangereux.

Malgré sa richesse, le tourteau de colza est considéré par tous les praticiens comme inférieur à celui de lin [2]. C'est qu'en effet il a une odeur particulière assez désagréable, et une saveur prononcée et âcre pour lesquelles le bétail a peu d'appétence. De plus, l'huile qu'il renferme encore rancit facilement et le rend dès lors impropre à la consommation. Enfin, il est échauffant.

Quoi qu'il en soit, il est très estimable pour l'engraissement des bêtes bovines et des moutons. J. Kuhn place les tourteaux de colza au premier rang, pour l'engraissement des bœufs, car ceux de lin, quoique plus riches en huile et plus favorables au point de vue de l'hygiène, sont souvent trop chers. Les chevaux l'acceptent aussi sans trop de difficultés, comme nous en avons

1. Dans l'Inde on appelle *colza* toutes les crucifères. Aussi trouve-t-on dans les tourteaux de l'Inde, surtout des moutardes, de la roquette, etc. (Voir tourteau de moutardes).
2. Les tourteaux préparés à froid peuvent renfermer de l'essence de moutarde. On les rend inoffensifs en les traitant par l'eau bouillante.

fait autrefois la démonstration dans la Haute-Marne. Enfin, lorsque l'on ne dépasse pas la dose de un à deux kilos par tête, il peut être avantageusement donné aux vaches sans nuire à la qualité du lait produit.

J. Kuhn, dans son traité de l'alimentation des bêtes bovines, dit que le fourrage concentré le plus important pour les vaches est le tourteau de colza. Une expérience de Weber à Molkwitz (Amtsblatt, n° 22, 1864), montre combien il est important pour la sécrétion du lait de bien choisir les fourrages concentrés. En estimant le son 12 fr. 50, les tourteaux de colza 11 fr. 25, la paille d'avoine 2 fr. 50, la paille de pois 3 fr. 75 les 100 kgr., une ration journalière composée de 6 kgr. 25 de son, 5 kgr. de paille d'avoine, 6 kgr. 25 de paille de pois, cause une perte de 3 fr. 80 par semaine, comme on peut s'en assurer en comparant la production et les frais d'alimentation. En ajoutant à la même quantité de paille d'avoine et de paille de pois 1 kgr. 2 de tourteau, la quantité de lait produit diminue à la vérité de 2 litres 86 par semaine, *mais le lait est beaucoup plus crémeux.* On obtient 0 kgr. 500 gr. de beurre par semaine de plus qu'avec la ration composée d'une forte quantité de son et, alors que le son cause une perte importante, l'alimentation au tourteau donne un bénéfice de 1 fr. 40 environ par semaine. En étendant ces résultats à toute l'année, on a avec le son une perte de 195 francs et un bénéfice de 75 francs avec les tourteaux pour une seule vache, et bien qu'on obtienne de bon fumier dans le premier cas, celui obtenu avec les tourteaux est encore préférable[1].

Relativement à l'alimentation du mouton, en dehors des excellents résultats de notre pratique dans la Haute-Marne, nous citerons, d'après la *Revue agricole* (1847) l'expérience si démonstrative de Sir Robert Smith, rapportée par l'auteur dans un mémoire sur l'élève des moutons, couronné par la Société royale d'agriculture d'Angleterre.

Deux lots d'agneaux, composés de 80 têtes chacun, rapporte l'auteur, furent parqués selon la méthode anglaise sur un champ, dans des conditions aussi identiques que possibles. Le premier lot recevait par jour et par tête 0 kgr. 230 de

1. Trad. Roblin.

tourteau de colza, et des rutabagas à discrétion. Le deuxième lot né mangeait que des rutabagas. Les animaux nourris au tourteau de colza absorbèrent en moyenne 4 kgr. 500 de rutabagas par jour et par tête. Les autres en consommèrent 11 kgr. L'expérience terminée, au bout de 44 jours, il fut constaté que le premier lot avait gagné 152 kgr. et l'autre seulement 112.

Admettons, au cours actuel, que le tourteau de colza vaille 18 fr. les 100 kgr. rendu à la ferme, et estimons les rutabagas à 20 fr. les 1,000 kgr. La ration journalière revient, pour le 1er lot à :

Tourteau de colza,	0 kgr. 230, à 18 fr. le quintal.	0 fr. 0414	
Rutabaga,	4 kgr. 500, à 2 fr. —	. 0 0900	
	TOTAL.	0 fr. 1314	

et celle de l'autre à

Rutabaga, 11 kgr., à 2 fr. le quintal. . . . . 0 fr. 22

En même temps donc que le régime au tourteau de colza donne une augmentation de poids plus grande, il procure une économie de nourriture de 0 fr. 09 par jour et par tête, soit pour la durée de l'essai de 3 fr. 96. En d'autres termes, tandis que dans le lot nourri au tourteau, chaque animal, pour une dépense de 5 fr. 72 de nourriture a gagné 1 kgr. 900 de poids : avec le rutabaga seul, la dépense s'élève à 9 fr. 68, et le gain de poids vif n'est que de 1 kgr. 400.

Mais il faut tenir compte aussi de la différence de valeur du fumier produit au parcage par les deux lots : la différence fut importante en faveur du régime au tourteau. Sir Robert Smith rapporte en effet que la partie du champ parquée par le premier lot rendit en orge Chevallier 44 hectolitres, alors que la parcelle fumée par l'autre lot ne donna que 38 hectolitres.

Si nous égalons à 100 la valeur du parcage du lot nourri exclusivement au rutabaga, celle du parcage par le premier s'élève relativement à 116. Mais cette estimation est inférieure à la réalité, car nous n'avons pas le rendement du sol non fumé, pour nous permettre, en défalcant des rendements obtenus

plus haut l'effet de la fertilité naturelle du sol, de déterminer
vraiment l'efficacité relative des deux parcages.

Cependant, nous pouvons indirectement arriver à déduire
les valeurs réelles approximatives des deux fumures en partant
de la composition minérale des rations et de celle du croît, en
même temps que des pertes inévitables. Nous avons donné
plus haut, d'après notre éminent maître M. Müntz, la composition centésimale du croît, pour les moutons. D'autre part,
d'après les expériences directes de MM. Müntz et Girard, les
pertes de matières fertilisantes éprouvées pour des moutons
maintenus sur une litière de terre meuble, nulles pour l'acide
phosphorique, s'élèvent à 24 0/0 pour l'azote.

On peut estimer que, d'après la composition moyenne des
aliments intervenants, la ration au tourteau contenait :

	1er LOT	
	AZOTE	ACIDE PHOSPHORIQUE
	gr.	gr.
0 k. 230 tourteau de colza.	11.5	7.0
4 k. 500 rutabagas.	3.4	3.6
	14.9	10.6
Il faut déduire pour 86 gr. de croît journalier.	2.3	1.0
Il passe dans les déjections.	12.6	9.6
Azote perdu.	3.6	»
La fumure représente après défalca- tion de l'azote perdu.	9.0	9.6

Si nous admettons que l'azote de cet engrais vaut 1 fr. 25 le
kgr. et l'acide phosphorique 0 fr. 25, le fumier produit par
chaque tête du premier lot vaut :

Azote, 9 gr. à 1 fr. 25 le kgr. . . . . . . 0 fr. 01125
Acide phosphorique, 9 gr. 6 à 0 fr. 25 le kgr. 0 00240

TOTAL. . . . . 0 fr. 01365

Pour le deuxième lot, nous trouvons dans les mêmes
conditions :

	2e LOT	
	AZOTE	ACIDE PHOSPHORIQUE
	gr.	gr.
11 k. rutabagas.	8.2	8.8
63 gr. de croît à déduire..	1.6	0.8
Reste pour les excréments.	6.6	8.0
Perte d'azote.	2.0	»
Dans le fumier.	4.6	8.0

La valeur de la fumure quotidienne et par tête s'élève à
0 fr. 008, à savoir :

4 gr. 6 d'azote	0 fr. 00575
8 gr. d'acide phosphorique.	0 00200
TOTAL.	0 fr. 00775

Le parcage du premier lot vaut 1 centime 365 par jour et
par tête ; celui de l'autre lot ne vaut que 0,775. La valeur de ce
dernier étant prise pour unité, le premier vaut 1.73.

Nous pouvons maintenant faire le bilan complet de l'expérience.

Le 1er lot, avec tourteau, a dépensé par tête 5 fr. 72, il a
donné une fumure valant $44 \times 1,365 = 0$ fr. 60. Le croît
total revient donc à 5 fr. 12, ou par kgr. $\frac{5.12}{1.90} = 2$ fr. 69.

Pour le 2e lot, on a dépensé par tête 9 fr. 68. Le fumier à
déduire, s'élève à 0 fr. 34. Le prix de revient du croît total
monte à 9 fr. 34 et celui du kilogramme à $\frac{9.34}{1.4} = 6$ fr. 67.

Si l'on prenait comme réels les chiffres qui ont servi à notre
discussion, on conclurait que l'opération a été 2 fois et demie
moins désavantageuse avec le régime au tourteau qu'avec le
régime au rutabaga.

Quels qu'aient été les résultats financiers de l'opération, résultats que nous ne pouvons pas discuter de si loin, il n'en
demeure pas moins bien prouvé que l'introduction *d'une demi-
livre de tourteau de colza* dans la nourriture des moutons, procure une très grande économie relativement au régime exclusif
aux racines. C'est seulement ce que nous voulions démontrer.

Pour le procédé à suivre en vue de faire une opération lucrative, nous renvoyons à nos expériences sur le tourteau de sésame.

Quand ce tourteau, comme tous ceux de crucifères, est administré en assez forte quantité aux bêtes à l'engrais, par exemple, il communique aux excréments une causticité qui attaque les pieds des animaux lorsque la litière n'est pas assez souvent renouvelée et le fumier enlevé. Cette maladie des pieds, très commune, disparaît avec la cause qui la produit, c'est-à-dire en changeant le régime pendant quelques jours, et en lavant les parties attaquées avec des lotions émollientes de graines de lin, sureau ou guimauve. L'entretien des litières en bon état de propreté et l'égouttement des urines sont le moyen le plus simple de parer à cet inconvénient. M. de Dombasle, pour l'éviter, chaussait ses bœufs à l'engrais de brodequins en cuir.

V

TOURTEAU DE LIN

Le lin est produit abondamment en France, dans les départements du Nord, du Pas-de-Calais, de la Somme, de la Seine-Inférieure, etc. On en importe beaucoup des ports de la mer Baltique, de l'Egypte et de l'Inde.

Le tourteau qu'on obtient de cette graine oléagineuse est le plus anciennement estimé des cultivateurs et c'est aussi toujours le plus cher. Sa couleur est brun rougeâtre ; on distingue facilement, dans sa cassure, les débris rougeâtres de l'épisperme enchâssés dans une gangue jaunâtre.

Nous donnons ci-dessous la composition de cet important aliment concentré. L'analyse que nous avons faite a porté sur un tourteau de lin provenant de Marseille. Nous donnons comme termes de comparaison les résultats obtenus par divers auteurs :

	GAROLA	BOUSSINGAULT	GIRARDIN	WOLFF	DÉCUGIS
Eau.	12.86	13.4	11.0	11.5	9.16
Matière azotée.	30.87	32.5	37.5	28.5	33.50
— grasse. . . .	8.75	6.0	12.0	10.0	9.55
— non azotée.. . .	28.48	39.8	32.5	42.1	41.63
Cellulose.	11.88				
Cendres.	7.16	8.3	7.0	7.9	6.16
Azote.	4.94	5.2	6.0	4.56	5.39
Acide phosphorique. . .	1.80	3.3	2.2	2.10	1.54
Potasse..	1.31	»	»	»	»

Le tourteau de lin peut donc être considéré comme ayant la composition moyenne suivante :

Eau.	14.4
Matière azotée.	32.6
— grasse	9.2
— non azotée.	27.8
Cellulose.	11.9
Cendres	7.3

Il est moins riche que le coton décortiqué, l'arachide décortiquée, le sésame blanc, que nous avons déjà examinés. On a vu, dans l'expérience de Wœlker que nous avons citée en parlant du tourteau de coton décortiqué d'Amérique, que son action est un peu inférieure à celle de celui-là, complété par la farine de maïs. Toutefois l'infériorité n'est pas considérable.

Grâce à ses qualités propres, il peut être employé dans tous les cas et sans crainte. L'emploi des tourteaux très riches demande quelques ménagements. Pour qu'ils donnent les bons résultats qu'on est en droit d'en espérer, il faut les compléter par des aliments rafraîchissants et féculents comme les sons, la graine de lin, les farines d'orge, de maïs, les racines, etc., d'après les règles que nous avons exposées autre part [1] pour la constitution des rations.

La vogue méritée dont jouit le tourteau de lin tient non seulement à sa richesse nutritive, qui est incontestable, mais à sa nature mucilagineuse qui le rend adoucissant. Les aliments très riches en matière azotée ont l'inconvénient d'échauffer plus ou moins fortement les animaux qui les consomment. Il en résulte parfois un détraquement plus ou moins intense de l'appareil digestif, qui influe défavorablement sur la production. Le tourteau de lin ne produit jamais rien de semblable.

Il est vrai qu'on peut, avec les tourteaux, éviter ces inconvénients en en modérant la consommation, et surtout en les complétant. Mais la masse des cultivateurs préfère ce qui est très simple, le plus souvent, à ce qui est le plus économique. De là la vogue et la cherté du lin.

Ajoutons à cela que le lin est très estimé par tous les animaux : le cheval, le bœuf, la vache, le mouton et le porc, tous en sont friands.

On l'emploie avantageusement dans l'engraissement, l'élevage, la production du lait.

Dans l'alimentation des veaux, dès l'âge de 10 à 12 semaines, on remplace sans préjudice un litre de lait écrémé par une buvée renfermant pour le même volume 46 gr. de tourteau de lin et 46 gr. de farine de pois.

---

1. Études zootechniques, alimentation du bétail. (Bureau du *Progrès agricole*, 1, rue Le Mattre, à Amiens).

La quantité à distribuer est d'environ 1 0/0 du poids vif des animaux des espèces bovine, ovide ou porcine. Dans les fermes du Pas-de-Calais et de la Somme, on en fait consommer, avec avantage, 1 kgr. par cheval de travail.

Les tourteaux de lin du pays sont les plus estimables. Les lins d'Egypte ou de la Mer Noire renferment souvent une assez grande quantité de graine de moutarde ou de ravison qui les rend nuisibles pour les animaux. Ces adultérations sont assez faciles à reconnaître, comme nous le montrerons plus tard.

VI

TOURTEAUX D'ARACHIDES

La graine d'arachide provient principalement de la côte occidentale de l'Afrique : la plus estimée nous est envoyée du Sénégal. L'Espagne, la Tunisie et l'Egypte en produisent aussi. Les graines sont employées, pour l'extraction de l'huile, à l'état brut ou décortiquées.

La couleur du tourteau d'arachides brutes est jaune rougeâtre. Dur et à cassure lamelleuse, on y rencontre d'abondants débris durs et épais de l'épicarpe jaunâtre, et des débris minces et rougeâtres de l'épisperme.

Le tourteau d'arachides décortiquées est blanc-jaunâtre, très farineux ; il se réduit facilement en poudre et sa cassure est granuleuse. On y trouve une quantité plus ou moins grande de l'épisperme, selon que l'épluchage de l'amande a été plus ou moins soigné.

Ce dernier peut seul être recommandé pour l'alimentation du bétail. Le tourteau d'arachides brutes contient, en effet, d'après Corenwinder, 28 1/2 pour 0/0 de son poids d'enveloppes ligneuses de la graine et doit être préféré comme engrais.

Le défaut du tourteau d'arachides est sa fadeur. Pour le faire accepter par les animaux, il est indispensable de le saler. On l'arrose, à cet effet, avec une solution de sel.

Nous donnons ci-après la composition du tourteau d'arachides décortiquées, que, seul, nous avons étudié, et nous rapprochons de notre analyse celles de Corenwinder et de Décugis [1].

1. Le tourteau en coques contient en moyenne :

Eau	10.0
Matière azotée.	32.3
Graisse.	9.0
Cellulose et extractifs.	42.6
Cendres.	6.1
Azote.	5.2
Acide phosphorique.	0.6

	GAROLA	CORENWINDER	DÉCUGIS
Eau.	12.22	12.0	12.85
Matière azotée.	46.37	41.9	48.43
— grasse.	7.68	9.6	6.40
Amidon.	9.80		
Matières non azotées diverses.	12.61	32.2	27.10
Cellulose.	3.46		
Cendres.	5.86	4.3	5.42
Azote.	7.42	6.7	7.75
Acide phosphorique.	1.47	1.07	1.59
Potasse.	1.34	»	»

On voit que ce tourteau, comme celui de coton décortiqué, est très riche en matière azotée. On y en trouve 45 0/0 en moyenne. Mais il est beaucoup moins riche en acide phosphorique.

Le coton décortiqué serait donc préférable pour les animaux en voie de croissance, en dehors de sa plus grande sapidité qui le rend très agréable aux animaux.

Les porcs acceptent facilement le tourteau d'arachides : les Anglais en font un grand usage pour l'alimentation de ces animaux. On le mélange avec les autres aliments, dans les pommes de terre spécialement, ou on les distribue en soupe tiède.

On peut aussi l'employer sans inconvénient pour tous les autres animaux. Il ne communique au lait aucun mauvais goût.

VII

TOURTEAUX DE NAVETTE

La navette *(Brassica napus oleïfera)*, voisine du colza, donne une graine dont on extrait une huile qui, dans l'Est de la France, sert à la consommation. Le tourteau qu'on en obtient est assez friable, de cassure grenue, jaune verdâtre, chiné de nombreux points noirs. Il est aussi estimé, sinon plus que celui de colza. Nous n'avons pas eu jusqu'ici l'occasion de l'analyser. On y trouve en moyenne :

Eau..	15 0/0
Matière azotée.	28.3
Huile.	9.5
Matière hydrocarbonée.	24.2
Cellulose.	15
Cendres [1]..	8
	100.0

Tout ce que nous avons dit du colza s'applique à la navette.

1. Renfermant acide phosphorique 1.73.

VIII

TOURTEAU DE CHANVRE OU DE CHÈNEVIS

Le chanvre (Cannabis sativa) est une plante textile cultivée surtout dans la Sarthe, Maine-et-Loire, l'Indre-et-Loire, l'Ille-et-Vilaine, les Côtes-du-Nord, l'Aisne, et sur une petite étendue dans beaucoup d'autres départements. Sa graine, oléagineuse, donne une huile siccative très recherchée dans les arts ; et le tourteau qu'on obtient comme résidu est comestible, quoique assez grossier. Il a une odeur qui rappelle tout à fait celle de la graine. Il est chiné noir et blanc. Comme il est assez fade, quelques fabricants y incorporent du sel pour le faire accepter plus facilement par les animaux et amener sa conservation.

Le tourteau de chanvre est considéré comme légèrement purgatif. Si donc on le faisait consommer en trop forte proportion, il pourrait provoquer la diarrhée chez les animaux. — Il est très employé comme appât pour la pêche.

Le tourteau qui a servi à nos recherches nous a été fourni par un fabricant de Dunkerque. Il avait été salé. Nous donnons ci-après les résultats de notre analyse comparativement avec ceux publiés par divers auteurs.

	GAROLA	BOUSSINGAULT	GIRARDIN	WOLFF
Eau.	10.88	5.3	13.8	10.5
Matière azotée. . . .	30.87	27.3	38.7	26.0
— grasse. . . .	6.42	6.0	6.3	6.2
— saccharifiable. .	19.15	} 57.8	30.7	53.3
Cellulose.	17.28			
Cendres.	9.40	3.6	10.5	4.0
Azote.	5.90	4.21	6.2	4.32
Acide phosphorique. .	3.37	1.03	3.28	1.35
Potasse..	1.08	»	»	»

En moyenne le tourteau de chènevis renferme donc environ ;

Eau.	10.1
Matière azotée.	30.7
Graisse.	6.2
Matière saccharifiable.	27.2
Cellulose brute.	17.3
Cendres.	6.9

Il est plus riche en cellulose brute ou ligneuse que tous ceux que nous avons examinés jusqu'à présent.

IX

TOURTEAUX DE NOIX

Le tourteau de noix se fabrique avec les *amandes* des fruits du noyer commun (Juglans regia), dont on cultive plusieurs variétés en France, principalement dans le Dauphiné, la Savoie, l'Auvergne, le Périgord et la Gascogne, ainsi qu'en Anjou, en Poitou et en Touraine.

Ce tourteau est généralement épais et dur. Sa couleur est foncée et son odeur agréable. Il est très estimé pour la nourriture des animaux qui l'acceptent avec plaisir. Mais il a le défaut de rancir rapidement, comme l'huile de noix du reste ; dans cet état il communique à la viande des animaux qui le consomment, et surtout à celle du cochon, une odeur spéciale qui se dégage surtout pendant la cuisson, et qui est si désagréable qu'on répugne à la manger. Les usages locaux du Languedoc permettent à l'acheteur d'un animal engraissé de cette manière de poursuivre le vendeur en restitution du prix payé. On évite tout désagrément en cessant de donner aux animaux de boucherie du tourteau de noix trois semaines à un mois avant de les conduire à l'abattoir, et en évitant de faire consommer les tourteaux rances.

Nous donnons ci-dessous la composition de ce tourteau, d'après Boussingault, Wolff, et l'examen que nous avons fait de tourteaux provenant du département de l'Yonne :

	GAROLA	BOUSSINGAULT	E. WOLFF
Eau.	7.12	6.0	13.7
Matière azotée.	41.50	32.8	34.6
— grasse.	18.01	9.0	12.5
Matière non azotée. . . .	23.27	45.6	27.8
Cellulose..	5.00	3.4	6.4
Cendres.	5.10	3.2	5.0
Azote.	6.64	5.24	5.54
Acide phosphorique. . . .	1.75	»	2.25
Potasse.	1.44	»	1.52

On peut admettre qu'en moyenne cet aliment concentré renferme :

> 36 0/0 de matière albuminoïde.
> 13   de graisse.
> 32   d'extractifs non azotés.

La cellulose y est peu abondante puisqu'elle ne dépasse pas
6 0/0. Il dépasse le tourteau de lin comme valeur alimentaire,
et n'est surpassé que par le sésame, le coton décortiqué et l'arachide décortiquée.

X

TOURTEAUX D'OEILLETTE OU DE PAVOT

Le tourteau d'œillette est abondamment fabriqué dans le nord de la France, avec les graines du *Papaver somniferum* dont l'huile est très estimée pour la consommation de l'homme. Il est mince et friable comme le tourteau de colza et son odeur rappelle celle de l'huile d'œillette. Il est très estimé pour l'engraissement ; il ne le cède à presque aucun autre sous ce rapport. D'après Lebel les chevaux ne l'acceptent que difficilement, tandis que les bovidés et les suidés en sont friands. Il ne renferme pas de morphine d'après Sacc.

On en produit deux variétés : le tourteau de pavot noir (P. somniferum nigrum) et le tourteau de pavot blanc (P. s. inopertum).

On fabrique aussi à Marseille des tourteaux d'œillette ou de pavot avec des graines provenant de l'Orient.

Le tourteau de pavot noir est dur, cassant, dit Décugis , à cassure granuleuse et homogène, de couleur argileuse brunâtre, comme s'il était formé d'un mélange de parties égales de matière brune et jaune.

Le tourteau du *pavot blanc de l'Indre* diffère seulement du précédent par sa couleur jaunâtre uniforme.

Nous avons analysé le tourteau de pavot blanc de fabrication marseillaise. Nous en relatons ci-après la composition, comparativement avec celle indiquée par Décugis.

PAVOT BLANC DE L'INDE

	GAROLA	DÉCUGIS	MOYENNE
Eau.	10.90	11.15	11.0
Matière azotée.	38.12	34.50	36.3
Graisse.	7.24	5.13	6.2
Matière non azotée. . . .	19.46	33.09	20.5
Cellulose..	11.08		11.1
Cendres.	13.20	16.13	14.7
Azote.	6.1	5.52	
Acide phosphorique.	3.58	2.74	
Potasse.	1.01	»	

Les tourteaux de pavot noir présentent la composition suivante :

	BOUSSINGAULT		DÉCUGIS	MOYENNE
	ALSACE	ARTOIS	NOIR du Levant	
Eau.	6.8	11.7	9.7	9.4
Matière azotée.	33.5	37.8	35.38	35.5
Graisse..	8.4	10.1	9.18	9.2
Matière non azotée. . .	30.8	23.3	24.61	26.3
Cellulose.	11.7	11.1	8.2	10.3
Cendres.	8.8	6.0	12.93	9.2
Azote.	5.4	6.05	5.66	»
Acide phosphorique. . .				»
Potasse..				»

Il n'y a en vérité que fort peu de différence entre les deux variétés. Les tourteaux d'Alsace et de l'Artois sont obtenus de graines moins salies de sable que ceux d'Orient. Ces tourteaux ont l'avantage de ne communiquer aucune saveur particulière à la chair des animaux qui les consomment, ni au lait qu'ils produisent. On les emploiera très avantageusement dans le gavage des volailles.

XI

TOURTEAU DE MADIA

Le *Madia du Chili* cultivé en Europe donne une graine très riche en huile et, après extraction de çette dernière, un tourteau de couleur gris-foncé.

D'après les essais entrepris autrefois par Boussingault, les animaux acceptent le tourteau de madia. Toutefois, l'abondance des enveloppes grossières de l'amande en fait un aliment médiocre. L'illustre agronome de Bechelbronn lui assigne la composition suivante :

Eau.	11.2
Phosphates et autres sels.	6.7
Ligneux.	25.7
Graisse.	15.0
Amidon, sucre, etc.	9.8
Matières protéiques.	31.6

XII

TOURTEAU DE CAMELINE

La Cameline est une crucifère cultivée dans le nord de l'Europe et les départements septentrionaux et orientaux de la France. Elle fournit une huile à brûler, et un tourteau dur, de couleur rougeâtre, doué à l'état frais d'une forte odeur alliacée. Celle-ci tend à disparaître avec le temps.

Il peut être consommé sans danger par les animaux. Toutefois, son odeur doit le faire exclure de l'alimentation des vaches à lait.

Il contient d'après Boussingault :

Eau.	6.5
Cendres.	8.6
Ligneux.	9.5
Graisse.	7.0
Amidon, ou analogues.	34.0
Matières protéiques.	34.4

XIII

TOURTEAU DE SOLEIL

Le Soleil ou Tournesol est très cultivé en Russie. L'huile
que fournit sa graine est consommée directement et employée à
la fabrication des conserves de poissons. Les graines sont man-
gées avec avidité par les oiseaux de basse cour et l'homme lui-
même ne répugne pas à les manger.

La graine est noire, grise, paille, ou divisée longitudinale-
ment en bandes coloriées en noir et paille. On retrouve ces
particularités dans les tourteaux, qui sont d'aspect grossiers et
pailleux. Les débris jaunâtres et aplatis de l'épisperme sont
liés par une substance noirâtre.

On fabrique, mais rarement, des tourteaux décortiqués.

La composition de ces tourteaux est la suivante :

	SOLEIL BRUT	SOLEIL DÉCORTIQUÉ
Eau. .	11.9	10.0
Graisse..	10.5	12.2
Protéine .	20.4	34.2
Extractifs. .	31.4	22.1
Cellulose. .	20.0	10.9
Cendres .	3.8	10.6

XIV

TOURTEAUX DANGEREUX

I. — Tourteau de Ricin.

II. —   —   de Croton.

III. —   —   de Pignons d'Inde (Jathropha Curcas).

IV. —   —   de Faîne.

V. —   —   de Moutardes.

VI. —   —   d'Amandes•amères.

VII. —   —   de Belladone.

I

TOURTEAUX DE RICIN

La graine du ricin commun donne une huile purgative très employée en médecine, et le tourteau qu'on obtient comme résidu jouit de la même propriété à un degré bien plus élevé.

Le tourteau de graine de ricin brute est blanc sale, cassant, à cassure grossière en partie lamelleuse et en partie granuleuse ; on y aperçoit des fragments plus ou moins volumineux du testa. Le tourteau décortiqué est brunâtre, dur et cassant, à cassure granuleuse. On y voit des débris de lamelles noirâtres et des fragments blancs de l'amande.

L'ingestion du tourteau de ricin par les animaux est très dangereuse. Dans une exploitation de notre connaissance, une seule distribution de 100 grammes par tête à des moutons en a fait périr 18 0/0. Les autres perdirent leur laine, et les brebis avortèrent. Les bêtes bovines furent également très malades. D'après l'autopsie faite par le vétérinaire, les animaux ont succombé à une superpurgation. Bien des faits analogues ont été constatés sur les porcs, la volaille, le mouton.

Nous avons trouvé la composition suivante au tourteau de ricin employé dans le cas que nous venons de signaler, dont nous rapprochons les analyses de :

	GAROLA	DÉCUGIS		JONHSTON
	RICIN décortiqué	RICIN BRUT	RICIN décortiqué	RICIN d'Amérique brut
Eau.	7.79	9 85	10.38	5.24
Matière azotée. . .	31.75	20.44	46.37	27 00
Graisse	5.03 [1]	5.25	8.75	18.20
Matière non azotée.	40.15	59.44	24.00	43.42
Cellulose.	25.00			
Cendres.	8.28	15.02	10.50	6.14
Azote.	5.08	3.43	7.42	4.32
Acide phosphorique.	»	0.94	2.26	2.04
Potasse	»	»	»	»

1. Soluble en totalité dans l'alcool.

II

TOURTEAU DE CROTON

Le Croton tiglium fournit des graines vulgairement désignées sous le nom de *petits pignons d'Inde,* graines de Tilly, ou des Moluques. On en extrait l'huile de Croton, purgatif violent et vésicant énergique.

Les tourteaux de Croton sont extrêmement dangereux pour le bétail. On les a parfois mélangés avec des tourteaux comestibles de coton ou de coprah, dans un but de lucre exagéré. Les animaux qui consomment de pareils produits meurent avec tous les symptômes de la superpurgation. Quatre à cinq grammes suffisent pour rendre un mouton malade.

III

TOURTEAU DE JATROPHA CURCAS

La graine du *Jatropha Curcas* ou *gros pignon d'Inde* vient de l'Amérique du Sud, du Cap Vert et du Gabon. C'est le Purgueiro des Portugais. L'huile est un peu moins irritante que celle de Croton. Toutefois, il suffit de 4 à 12 gr. de J. Curcas pour tuer un gros chien.

Le tourteau qu'on en obtient est donc extrêmement dangereux pour les animaux domestiques.

Ils sont vendus généralement comme engrais. Mais, malheureusement, on a constaté parfois leur mélange frauduleux avec des tourteaux alimentaires, surtout ceux de *chènevis* auxquelles ils ressemblent beaucoup. La conséquence de l'ingestion de ces mélanges est presque toujours la mort des animaux. On reconnaît à l'autopsie les signes de la superpurgation et de l'inflammation du tube digestif.

Le tourteau de J. Curcas est noirâtre ou brunâtre, chiné en noir par les débris du testa.

Il présente la composition suivante :

	BIDARD	GIRARDIN
Eau..	12.57	6.00
Matière azotée.	24.37	14.88
Graisse	? } 53.23	17.00
Matières non azotées, etc. . . .	? }	56.62
Cendres.	9.83	5.50
Azote.	3.90	2.38
Acide phosphorique.	1.90	1.12

IV

TOURTEAU DE FAINE

La faîne est le fruit du hêtre commun. Elle est brune, luisante, en forme de pyramide triangulaire.

L'huile qu'on en extrait à froid est agréable et employée pour la consommation de l'homme. Extraite à chaud, au contraire, elle est pleine d'âpreté. Elle se conserve très longtemps sans rancir.

Tandis que l'huile est inoffensive, le tourteau qui résulte de son expression renferme un principe vénéneux analogue dans ses effets à celui de l'ivraie enivrante. La *fagine* (c'est le nom donné au principe vénéneux assez mal connu de la faîne), paraît localisée dans l'enveloppe trigone de l'amande. Aussi faut-il distinguer entre les deux espèces de tourteaux que l'on fabrique : le tourteau de faînes brutes et le tourteau de faînes décortiquées.

Le premier est très grossier et se brise avec facilité, Il est rouge brun et présente de nombreux débris apparents du péricarpe. Il ne doit pas être employé dans l'alimentation, car il est

dangereux surtout pour les chevaux, ânes et mulets. Le tourteau décortiqué peut être consommé, mais en petite quantité
seulement, par les bêtes bovines, ovines et porcines. Car, en
réalité, tous les animaux sont sensibles aux effets de la fagine
et la décortication n'est jamais complète.

La quantité de tourteau brut susceptible de donner la mort à
un cheval est peu élevée. Dans une expérience rapportée par le
Journal d'Agriculture pratique de 1840 (IV, 325), l'ingestion
de 1 kgr. de ce produit a amené la mort du cheval en 2 heures ;
avec 1/2 kgr. l'animal mourut après 2 jours 1/2.

Nous donnons ci-après la composition de ces tourteaux :

	BOUSSINGAULT Tourteaux de faînes brutes	TABLE de KUHN Tourteaux de faînes décortiquées
Eau.	10.0	12.5
Matière azotée.	16.8	37.1
— grasse.	1.0	7.5
Amidon, sucre.	6.4	29.7
Matières non azotées diverses. .	8.4	
Cellulose.	50.6	5.5
Cendres.	6.8	7.7
Azote.	2.69	5.94
Acide phosphorique.	1.09	»

V

TOURTEAUX DE MOUTARDE

Les tourteaux de moutarde noire ou blanche ou de moutarde
sauvage produisent au contact de l'eau ou des liquides du tube
digestif de l'essence de moutarde qui est très irritante. Distribués aux animaux, ils amènent des inflammations intestinales
très graves avec diarrhée épuisante et soif inextinguible. —

Mélangées aux autres graines oléagineuses, les moutardes rendent leurs tourteaux nuisibles[1].

Les tourteaux de moutarde présentent la composition suivante :

	COMPOSITION DES TOURTEAUX DE MOUTARDE			
	BLANCHE (Décugis)	NOIRE (Décugis)	SAUVAGE (I Pierre)	RAVISON (Décugis)
Eau.	10.55	9.80	11.06	10.92
Matière azotée.	36.31	32.19	28 86	31.19
Graisse.	11.87	12.10	9.08	6.22
Matières extractives. . Cellulose.	35.01	39.61	32.82	34.25
Cendres.	6 26	6.30	18.18[2]	17.42[1]
Azote	5.81	5.15	4.46	4.99
Acide phosphorique . .	2.05	1.67	1.82	1.02

1. Les tourteaux de *colza de l'Inde* sont presque exclusivement constitués par des graines de moutardes, d'après Kjærskou, qui y a trouvé : S. glauca, S. ramosa, S. dichotoma, et un peu de Eruca sativa; mais pas de Brassica napus oleifera, ni de Br. campestris oleifera. Le colza de Gouzerath est de S. glauca. Le colza jaune mêlé de Calcutta est un mélange de S. glauca et de S. ramosa. Le colza de Ferozepore est un mélange de S. ramosa, de S. dichotoma, et d'Eruca sativa. Le colza brun de Calcutta est constitué par S. dichotoma et S. ramosa. Et le colza de Souméanée est du S. glauca avec un peu de S. dichotoma.

2. L'abondance des cendres est due à l'imperfection du nettoyage de la graine. I. Pierre a trouvé de 12.7 à 23.7 de cendres dosant 6.4 à 13.3 de sable provenant évidemment des matières terreuses mélangées aux graines. La terre forme donc en moyenne 9.85 0/0 du poids du tourteau de moutarde sauvage. On doit donc majorer de 1/10 environ tous les chiffres de l'analyse, comme il suit :

Eau.. . . . . 12.17
Matière azotée. 31.75
Graisse 10.00
Cendres. 8.33

La moutarde sauvage se rapproche ainsi des moutardes cultivées.

VI

TOURTEAUX D'AMANDES AMÈRES ET DE NOYAUX

Ces tourteaux doivent être rejetés de l'alimentation, car, en présence de l'eau, l'amygdaline, réagissant sur l'émulsine des amandes, produit de l'essence d'amandes amères et de l'acide prussique.

A la dose d'une poignée, ce tourteau amène la mort d'une vache.

VII

TOURTEAU DE BELLADONE

Dans la Souabe et le Wurtemberg, d'après Décugis, on extrait l'huile douce que renferment les graines de la belladone (*Atropa belladona* L.). Les tourteaux retiennent toute l'atropine du fruit et sont, par conséquent, très dangereux.

XV

DIAGNOSE DES TOURTEAUX

Nous avons étudié dans les chapitres précédents les tourteaux de graines oléagineuses sous le rapport de leur valeur nutritive et de leur emploi dans l'alimentation du bétail. Nous avons également décrit l'aspect extérieur des pains de chaque espèce. Il nous faut ici réunir tous les éléments nécessaires pour permettre d'établir l'identité d'un tourteau alimentaire, et surtout sa pureté.

Les indications descriptives que nous avons déjà données sont d'une grande importance pour le cultivateur et peuvent dans bien des cas permettre de reconnaître une substitution. Mais elles sont véritablement loin d'être suffisantes, le plus souvent dans la pratique, à cause de la variabilité des aspects qui dérive des divers modes de fabrication, et à cause de la nécessité où nous sommes de rechercher la pureté des tourteaux, dans le but de nous assurer qu'ils ne renferment rien de nuisible à la santé de nos animaux.

Les stations agronomiques sont fréquemment consultées sur l'identité des tourteaux par les agriculteurs, qui ont un intérêt pécuniaire considérable à ne pas recevoir un tourteau pour un autre, car les prix courants varient dans des limites très étendues, suivant les espèces considérées. On leur demande souvent de plus si les tourteaux reçus ne sont pas mélangés de graines étrangères nuisibles ou non. Quelquefois, enfin, à la suite d'accidents survenus dans les étables, on les charge de déceler la cause qui a pu les produire.

Pour résoudre ces différents problèmes, on peut recourir à des méthodes diverses, dont la combinaison facilite les recherches :

   1° L'examen extérieur du tourteau ;
   2° Son étude chimique, qualitative et quantitative ;
   3° Son examen microscopique.

1° TABLEAU DESCRIPTIF DES TOURTEAUX

	NOM DES TOURTEAUX	COULEUR DES PAINS	ASPECT DE LA CASSURE	AUTRES PARTICULARITÉS
1	Sésame blanc.	Blanchâtre, surtout sur la coupe	Granuleux, parsemé de débris jaunâtres de l'épisperme	
	Sésame noir	Noirâtre, tirant sur le jaune	Lamelleux	
	Sésame roux.	Roussâtre, chiné de petites plaques minces fauves	Lamelleux plus que granuleux	Coupe des bords à teinte argileuse.
	Sésame panaché. . . .	Brun noirâtre, chiné de points blanchâtres	Lamelleux granuleux	Id. noirâtre.
2	Coprah.	Blanc jaunâtre	Granuleux	Farineux et friable.
3	Coton d'Alexandrie. . .	Vert s'il est jeune, passe au brun en vieillissant	Vert jaunâtre chiné de noir	Très peu de brins de coton. Débris noirs testacés de l'épisperme.
	Coton de Catane et de Syrie.	Id.	Id.	Très cotonneux.
	Coton d'Amérique décort.	Jaune faible	Id.	Très peu de brin de coton et de débris testacés. Gâteaux minces ou épais de 6 à 7 c. 5.
4	Colza.	Brun verdâtre chiné jaune, noir et rouge		Assez friable, odeur d'huile de colza.
	Colza exotique. . . .	Id.	Finement granuleux	Dur et cassant.
5	Lin	Brun rougeâtre	Débris rougeâtres de l'épisperme dans gangue jaunâtre	
6	Arachides décortiquées. .	Blanc jaunâtre	Granuleux	Très farineux, friable, peu de l'épisperme rougeâtre.
	Arachides brutes. . . .	Jaune rougeâtre	Lamelleux	Dur. Débris nombreux de la coque jaunâtres et épais, et de l'épisperme rougeâtres et minces.

	NOM DES TOURTEAUX	COULEUR DES PAINS	ASPECT DE LA CASSURE	AUTRES PARTICULARITÉS
7	Navette.	Jaune verdâtre, chiné de noir	Grenu	Mince, assez friable.
8	Chanvre ou chénevis . .	Brun chiné de noir et blanc	Grossier	Friable, odeur spéciale de chanvre.
9	Noix décortiquées. . . .	Brun	»	Dur, odeur agréable, épais.
10	Œillette ou pavot blanc.	Jaunâtre uniforme	Granuleux et homogène	
	Pavot noir.	Brunâtre argileux	Id.	»
13	Tournesol.	»	»	Masse grossière, très pailleuse, agglutiné par une matière noirâtre.
11	Madia.	Gris foncé	»	Sec et cassant.
	Beraff	Jaunâtre argileux	Grenu ou lamelleux	Nombreux débris jaunâtres du testa.
12	Cameline	Rouge jaunâtre	Id.	Odeur prononcée d'ail, friable.
14 4	Faine.	Rouge brun	Id.	Très friable, débris rouges bruns du péricarpe.
14 5	Moutardes.	Jaunâtre ou verdâtre, chiné de points rougeâtres ou noirâtres	Finement granuleux	Friable.
	Niger.	Noirâtre	Finement granuleux	Pas de débris d'épisperme.
	Palmiste.	Blanc sale parsemé de nombreux points noirs.	»	En poudre, ressemble à du sable.
14 a	Pignons d'Inde.. . . .	Noirâtre ou brunâtre, chiné de noir par les débris du testa	»	»
14 5	Ravison (moutarde sauvage). .	Brun verdâtre foncé, chiné de points rougeâtres	Finement granuleux	Dur et cassant.
14 1	Ricin brut.	Blanc sale	Grossier, lamelleux et granuleux	Fragments du testa.
14 1	Ricin décortiqué. . .	Brunâtre	Granuleux	Débris de lamelles noirâtres et de fragments blancs de l'amande.
	Toulocouna..	Brun chocolat	Présente des fragments jaunâtres et rougeâtres d'épisperme	

2° ÉTUDE CHIMIQUE DES TOURTEAUX

On peut chercher dans la composition chimique des tourteaux des caractères qui permettent de diagnostiquer leur origine et y réussir jusqu'à un certain point. Toutefois, comme
nous espérons le démontrer, on ne saurait espérer, par l'analyse
seule, arriver à des résultats certains, sauf dans quelques cas
particuliers.

D'abord nous ferons remarquer que l'analyse faite au point
de vue de la détermination de la valeur alimentaire, ou de la
puissance fertilisante, ne peut nous renseigner que d'une manière très vague.

Il suffit, pour s'en rendre compte, de jeter les yeux sur le
tableau suivant, où nous avons réuni les compositions moyennes
des tourteaux alimentaires.

COMPOSITION MOYENNE DES TOURTEAUX ALIMENTAIRES

	EAU	MATIÈRE AZOTÉE	GRAISSE	CELLULOSE	S. SACCHAR.	CENDRES
Sésame blanc. . .	11.6	39.8	10.7	7.8	18.6	11.5
Coprah.	12.7	20.1	8.4	10.5	42.3	6.0
Chanvre.	10.1	30.7	6.2	17.3	27.2	6.9
Coton d'Égypte. .	10.9	26.0	6.0	8.1	43.6	5.4
— décortiqué.	8.5	44.5	14.4	3.8	21.3	7.5
Arachide id. . .	12.3	44.1	8.0	3.5	27.9[1]	5.2
Colza.	12.3	30.7	11.0	16.0	22.7	7.3
Lin.	14.4	32.6	9.2	11.9	27.8	7.3
Navette.	15.0	28.3	9.5	15.0	24.2	8.0
Noix.	9.6	36.0	13.0	5.0	32.0	4.4
Œillette.	10.2	35.9	7.7	10.7	23.4	12.0

1. Dont amidon, 9.8 0/0.

Il n'est pas douteux qu'il n'y. a pas identité de composition pour les différentes espèces. Le coprah est bien moins riche en matières azotées que la plupart. Le colza, le chanvre et la navette sont très riches en cellulose. Mais il faut considérer qu'il y a autour de la composition moyenne d'importantes variations, comme le montre le tableau ci-dessous, dressé d'après les tables de Julius Kühn.

ÉCARTS DE COMPOSITION DES TOURTEAUX

D'après les tables de Kühn et nos analyses

	MATIÈRE AZOTÉE	GRAISSE	CELLULOSE	CENDRES
Sésame blanc..	13.7	3.0	7.1	1.6
Coprah Ceylan.	9.0	13.5	7.8	1.4
Chanvre.	7.4	4.0	8.6	5.8
Coton d'Egypte.	10.1	4.7	10.0	1.1
Coton décortiqué.	9.8	8.8	4.7	1.1
Colza	21.0	14.4	20.7	1.3
Lin.	16.9	12 2	11.7	2.2
Œillette ou pavot.	7.3	9.7	2.3	»
Faîne brute.	0.6	7.1	»	»

Entre le tourteau de sésame et celui d'œillette, il y a un écart de 1,9 pour 0/0 pour la protéine. Entre sésames, la différence atteint 13 pour 0/0 et entre noix 7 pour 0/0.

Ce que l'on constate dans ce cas se reproduit dans les autres, et on voit aisément que l'analyse immédiate, faite comme on la pratique d'ordinaire, serait absolument impuissante dans le cas de mélanges de tourteaux et d'additions de graines nuisibles.

Toutefois, certaines adultérations à l'aide de matières terreuses, de substances riches en cellulose ou en amidon peuvent être facilement retrouvées.

On a signalé l'introduction dans les tourteaux du sulfate de baryte, du plâtre, du calcaire, du sable, etc. Ces substances se retrouvent très simplement dans les cendres, dont elles élèvent sensiblement le dosage.

Par le dosage de la cellulose, on peut être prévenu de l'addition des cosses moulues d'arachides, des enveloppes de fève-

roles, de glands, de sarrasin, de faînes ou des capsules de lin.
On trouve dans ces substances, d'après M. Van den Berghe ;

	Cellulose 0/0
Cosses d'arachides.	58.17
Enveloppes de féveroles.	38.05
— glands.	36.07
— sarrasin	42.02
— faînes.	40.34
Capsules de lin.	34.72

L'addition des farines amylacées se reconnaîtra par le dosage
de l'amidon, ou par l'essai qualitatif. On prendra 5 gr. de tourteau qu'on humectera d'abord d'eau distillée, et puis on ajou-
tera ensuite 180^{cc} de chlorure de zinc de densité 1,5. Après
avoir fait chauffer au bain de sel pendant deux heures et laissé
refroidir, on complétera le volume à 200^{cc} avec du chlorure de
zinc, et on filtrera 100^{cc} que l'on précipitera par 200^{cc} d'alcool à
95 après addition de 5^{cc} d'acide chlorhydrique. Le précipité
recueilli sur un filtre taré, lavé complètement à l'alcool acidulé,
desséché et pesé, donne le poids de l'amidon, dont il faut défal-
quer le poids des cendres (chlorure de zinc) laissé par l'incimé-
ration à basse température (Leclère). (Voir Essai microscopique
de l'amidon).

De plus il existe un certain nombre de réactions spéciales
qui peuvent éclairer sur la nature des tourteaux beaucoup
mieux que l'analyse quantitative. Nous allons passer les princi-
pales en revue.

CARACTÈRES CHIMIQUES SPÉCIAUX

Des Tourteaux dangereux

Le problème le plus important qui se présente à nous est la détermination des tourteaux dangereux, soit qu'ils soient entiers, soit qu'ils aient été incorporés dans des pains d'autres espèces pour les falsifier. Nous réunissons ci-après quelques données qui ne manquent pas d'importance à cet égard.

1° RICIN. — Le tourteau de ricin épuisé par l'éther ou le sulfure de carbone donne une huile *entièrement soluble dans son volume d'alcool*, ce qui n'arrive pour aucune huile de graines comestibles.

2° CROTON. — L'huile extraite du tourteau de croton dans les mêmes conditions se dissout dans l'alcool ordinaire dans la proportion de 2/3. Dans l'alcool absolu, cette huile est soluble seulement au trentième. Dans ces deux cas, pour faire les recherches, on introduit l'huile dans un tube gradué en 1/10 de CC et, après avoir mesuré son volume, on ajoute un excès d'alcool : on bouche le tube avec un bouchon de caoutchouc, on agite, et on laisse reposer.

L'huile de croton appliquée sur la peau (1 goutte) est vésicante : l'huile de ricin n'a pas cette propriété.

3° J. CURCAS. — L'huile est vésicante comme celle de croton, quoique à un moindre degré. Sa solubilité dans l'alcool est nulle.

Nous donnons ci-après les renseignements que nous avons pu recueillir sur la solubilité des huiles dans l'alcool.

SOLUBILITÉ DES HUILES DANS L'ALCOOL

NATURE DES HUILES	SOLUBILITÉ A LA TEMPÉRATURE ordinaire	SOLUBILITÉ A L'ÉBULLITION	SOLUBILITÉ dans L'ALCOOL ABSOLU
Ricin.	Toute proportion	Toute proportion	Toute proportion
Croton	2/3 d'huile passent en solution	»	1 dans 30 d'alcool
J. Curcas. . .	Insoluble	?	?
Palme	Solubilité faible		
Amandes . . .	1 dans 24 d'alcool		
Madia. . . .	1 dans 30 d'alcool	1 dans 6 d'alcool	
Olive. . . .	Solut. très faible	—	—
OEillette. . . .	1 dans 26 d'alcool	1 dans 6 d'alcool	
Navette. . . .	?	?	?
Lin	1 dans 40 d'alcool	1 dans 5 d'alcool	
Coton.	Très peu soluble		
Colza.	Très peu soluble		
Chénevis . . .	1 dans 30 d'alcool		

4° MOUTARDE. — Nous avons vu que les tourteaux de moutarde produisent des accidents sérieux chez les animaux qui les consomment, soit purs, soit en mélange. Les tourteaux de colza indigène même renferment parfois de la moutarde sauvage. On caractérise et dose facilement l'essence de moutarde comme il suit : « Pour rechercher qualitativement la présence de l'essence de moutarde, il suffit d'introduire un peu de tourteau en poudre dans un flacon bien bouché, d'agiter avec de l'eau et d'abandonner le tout pendant quelques heures : au bout de ce temps on verse un peu d'eau chaude dans le flacon et l'on reconnaît facilement l'essence à une odeur vive, pénétrante et désagréable[1] » (Müntz).

Pour déterminer quantitativement l'essence de moutarde on opère comme il suit, d'après O. Forster :

On met dans un ballon 25 gr. de substance pulvérisée et triturée avec de l'eau. On fait arriver de la vapeur d'eau qui, après

---

1. D'après M. Mercier, directeur du Laboratoire de l'État belge à Hasselt, la graine de moutarde portée à la température de 100° ne dégage plus d'essence de moutarde par digestion dans l'eau tiède. L'emploi du microscope est alors indispensable pour la caractériser.

avoir traversé le ballon et barbotté dans le magma, va se condenser dans un réfrigérant descendant, dont on introduit l'extrémité dans un ballon de 250^{cc} contenant 50^{cc} d'alcool saturé d'AzH³. La pointe du réfrigérant pénètre de quelques millimètres au-dessous du niveau de l'alcool. On recueille 200^{cc} de distillat. Celui-ci renferme la thiosinamine ; on l'abandonne pendant 12 heures dans le ballon bouché, puis on le chauffe dans un verre de bohême avec un excès d'oxyde de mercure, en agitant. Avant le refroidissement, on ajoute quantité suffisante de cyanure de potassium à 4 0/0, et on agite jusqu'à ce que le précipité de sulfure soit débarrassé de toute substance étrangère. On filtre alors, on lave, sur philtre taré, on sèche et on pèse. Le poids trouvé, multiplié par 0,427, donne l'essence de moutarde cherchée.

On prépare l'oxyde de mercure en précipitant une solution de bichlorure par la potasse.

(b). — Les moutardes sont des crucifères. Mélangées aux tourteaux alimentaires tels que lin, coton, coprah, etc., provenant de graines de familles différentes, elles donnent, outre les réactions susindiquées, la réaction *caractéristique* des graines de crucifères : on extrait par l'éther l'huile du tourteau, on la saponifie avec de la soude en solution alcoolique, au bain-marie. On reprend par un peu d'eau et on filtre sur un filtre mouillé. Si l'on plonge dans le filtrat un papier imprégné d'acétate de plomb ou de nitrate d'argent, il noircira si le tourteau contenait des graines de crucifères (5 gr. d'huile, 0 gr. 4 de soude et 93 d'alcool à 90°).

En faisant la saponification dans une capsule d'argent bien décapée, celle-ci noircit s'il y a des crucifères.

Cette réaction caractérise, outre les moutardes, le colza, la navette, la cameline, le ravison.

5° AMANDES AMÈRES. — Traités par l'eau, les tourteaux dégagent une odeur d'amandes amères bien caractéristique.

RÉACTIONS SPÉCIALES DES AUTRES TOURTEAUX

Le second problème qui peut se poser au chimiste est celui de savoir à quel tourteau il a affaire, ou bien si un tourteau donné est mélangé avec un autre. Certaines réactions spéciales permettent dans certains cas de se prononcer ; cependant nous sommes loin de pouvoir caractériser tous les tourteaux ou même les mélanges les plus courants par les moyens chimiques. Nous allons essayer de réunir ici les réactions les plus caractéristiques.

La réaction précitée *des crucifères* permet facilement de diviser les tourteaux en deux groupes : d'un côté les colzas, la navette, la cameline, les moutardes, le ravison, et, d'autre part, le lin, le sésame blanc, le coprah, le coton, l'arachide décortiquée, le pavot, le chènevis, etc.

Le dosage de l'essence de moutarde fera ressortir dans le premier groupe jusqu'à quel point les tourteaux essayés sont dangereux. D'après Van den Berghe, on trouve dans ceux-ci les quantités suivantes de sulfocyanure d'Allyle :

Tourteaux	Colza indigène. . .	8 milligr.	3
	Navette..	2	— 1
	Ravison..	3	— 5
	Colza de l'Inde. . .	69	— 6
Graines	Colza.	16 à 29	—
	Navette..	6 à 10	—
	Cameline.	10	—
	Moutarde noire. . .	238	—

On distinguera les tourteaux du second groupe à l'aide des caractères chimiques suivants de leurs huiles d'abord, bien qu'ils ne soient nets que pour bien peu.

L'huile extraite du tourteau par l'éther sulfurique, l'éther de pétrole, ou le sulfure de carbone, est essayée par l'acide azotique, en introduisant dans un tube à essai un volume d'huile et un volume d'acide. On agite vivement et on observe les colorations de l'huile et de l'acide.

Le lin voit son huile se colorer en brun rougeâtre et l'acide sousjacent devient jaune clair. L'huile de lin ordinaire, traitée dans les mêmes conditions, donne une coloration jaune sale, puis brune, avec un acide incolore. Cette différence ne doit pas étonner, car l'huile extraite du tourteau est bien plus concrète que l'huile de pression ; nous l'avons vue en partie solidifiée à 12°.

Le tourteau de pavot donne une huile qui se colore en rouge brun, l'acide demeurant jaune.

Le tourteau de sésame donne une huile qui se colore en jaune orangé, et l'acide devient jaune d'or. Le lendemain, l'huile est solidifiée.

L'arachide fournit une huile qui brunit, qui se prend en masse le lendemain. L'acide reste incolore.

On peut employer aussi comme réactif l'acide sulfurique à 66°, d'après le procédé que nous avons autrefois indiqué : on verse dans une assiette 15 gouttes de l'huile qu'on étale en rond, sur la surface approximative d'une pièce de 2 francs : 1° on dépose au milieu de l'huile 1 goutte d'acide et on observe : 2° on mélange ensuite l'acide avec toute l'huile, et on fait une deuxième observation ; 3° on ajoute 5 gouttes d'acide, on mélange avec soin, et on observe de nouveau. Nous avons obtenu sur des huiles extraites de tourteaux les résultats suivants :

LIN. — 1° Tache rouge brun où tombe la goutte d'acide, avec formation de flocons brunâtres qui surnagent. — 2° Coloration brune. — 3° Coloration rouge brun foncé.

PAVOT. — 1° La goutte d'acide produit seulement une petite tache jaune. — 2° Coloration jaune brun. — 3° brun verdâtre.

SÉSAME. — 1° Tache jaune rougeâtre, quelques rares flocons. — 2° Jaune rougeâtre. — 3° Rouge acajou foncé.

ARACHIDE. — 1° Tache jaune brun avec quelques flocons bruns. — 2° Rouge brun foncé. — 3° Rouge brun tirant sur le noir.

Avec une dissolution de 15 grammes de mercure dans 100ᶜᶜ d'acide azotique, qu'on emploie de la même manière que l'acide azotique, mais en diminuant de moitié la quantité de réactif, nous avons obtenu les résultats qui suivent :

LIN. — L'huile devient rouge orange, brunissant. Elle reste liquide après 24 heures.

PAVOT. — Brun noir. L'huile est liquide après 24 heures.

SÉSAME. — Brun rougeâtre. L'huile est solidifiée le lendemain.

ARACHIDE. — Marron clair. L'huile est solidifiée le lendemain.

Enfin, nous avons essayé un mélange par parties égales d'acide azotique et d'acide sulfurique pur à 66°. On verse un volume d'huile sur une assiette, et un volume au plus de réactif. on mélange vivement avec une baguette :

LIN. — Brun kermès.

PAVOT. — Rosé.

SÉSAME. — Vert pré.

ARACHIDE. — Jaune carotte.

Pour le sésame, cette réaction est tout à fait caractéristique, et permet de retrouver une addition de 10 0/0 de ce tourteau.

Nous ne donnons pas ici les réactions obtenues avec les huiles pures des autres graines oléagineuses. Cela n'aurait pas d'intérêt, car il est indispensable de faire les observations sur des extraits éthériques de tourteaux, vu que les colorations diffèrent très sensiblement. Il y a là un champ de recherches à explorer en partant de cette constatation que les huiles de tourteaux et celles de pression ont des propriétés différentes. Avec l'acide sulfurique 3°, par exemple, l'huile de *pavot* devient rouge brun foncé ; l'huile de tourteau de pavot, brun verdâtre ; l'huile de lin donne une masse poisseuse noire ; l'huile de tourteau de lin se colore en rouge brun avec une nuance de violet, etc. Donc, il ne doit être tiré, sauf pour le sésame, de conclusions des essais colorimétriques précédents, que si l'on peut opérer simultanément sur un extrait éthérique d'un tourteau pur.

Comme nous possédons un procédé bien plus sensible de diagnostiquer les tourteaux et les matières étrangères qui peuvent y être mêlées, nous croyons qu'il n'y a pas lieu d'attacher trop d'importance à ces essais chimiques. Nous compléterons toutefois ce qui précède par les indications suivantes :

ARACHIDE. — L'huile d'arachide saponifiée par la potasse alcoolique, puis reprise par l'alcool pour dissoudre le savon formé, laisse déposer des cristaux d'arachidate de potasse au bout de 24 heures de repos dans un lieu frais.

On peut juger de la fraîcheur du tourteau d'arachide en le délayant dans l'eau et en y ajoutant quelques gouttes d'iode normal décime. Les tourteaux frais donnent une teinte franchement bleue. Les tourteaux altérés, au contraire, donnent une teinte vert sale.

•LIN. — On délaye le tourteau de lin dans l'eau chaude et on laisse reposer. Il se forme un dépôt constitué par une seule couche et le liquide qui surnage est incolore et ne subit aucun changement par l'addition de quelques gouttes de potasse ou de soude.

COLZA. — Dans les mêmes conditions, le tourteau de colza forme un dépôt constitué de deux couches ; au fond du vase les pellicules forment un dépôt rouge brun foncé ; on voit au-dessus une couche pulvérulente analogue à de la farine de pois : enfin le liquide qui surnage a une teinte ambrée. Si l'on étend ce liquide d'eau pour faire disparaître la teinte, l'addition de potasse la fait renaître.

Quand on délaye dans l'eau du tourteau de colza (?) de l'Inde, il se développe une odeur rappellant celle des feuilles de roquette froissées dans les doigts. Au bout de quelques heures il apparaît dans la couche supérieure de la bouillie une matière colorante bleu verdâtre assez foncée.

Le colza est une crucifère et donne la réaction indiquée plus haut pour distinguer les tourteaux de cette famille.

3° EXAMEN MICROSCOPIQUE

C'est l'emploi du microscope qui permet avec le plus de sécurité de faire la détermination des tourteaux, à la condition de faire subir à la matière une préparation appropriée, qui dégage les enveloppes des cellules et mette ainsi en lumière leurs formes différentielles. Nous avons proposé dès 1889[1] de faire porter l'examen microscopique sur la cellulose brute, obtenue par le procédé usité pour le dosage de cette substance à la station agronomique de l'Est et à celle de Chartres. Ce procédé est décrit en détail dans le traité de l'analyse des matières agricoles de M. Grandeau, et dans le traité d'analyses agricoles de M. Müntz. On sait qu'il consiste à traiter successivement la substance par l'éther, l'eau acidulée et la potasse étendue.

On obtient aussi des cellules d'une observation facile, dans bien des cas, en traitant le tourteau par l'acide azotique à l'ébullition. Il faut toutefois agir avec ménagement, sinon on détruirait toute la matière.

Les cellules ainsi préparées sont débarrassées de tous les principes immédiats qui les remplissent et les empâtent. Leurs formes si variées se dessinent avec une grande netteté, et avec un peu d'habitude, on peut rapidement reconnaître si, dans un tourteau donné, il y a un mélange notable de graines étrangères.

Ce procédé d'études nous a donné d'assez bons résultats pour que nous n'hésitions pas aujourd'hui à le publier. Les planches qui suivent, reproductions par la phototypie, des micro-photographies obtenues à la station agronomique de Chartres par notre excellent collaborateur M. Aufray, montrent à l'évidence tout l'intérêt que présentent de pareilles recherches et tout le parti qu'on en peut tirer dans la pratique.

1. Rapport à M. le Ministre de l'Agriculture.

D'une manière générale ce sont les enveloppes de la graine (épisperme, testa, tegmen), qui présentent les caractères différentiels les plus nets.

Il convient d'examiner les préparations à un petit grossissement : 50 à 100 diamètres. Nos photographies sont à une échelle de 42 diamètres environ pour la plupart. Il résulte de cela une très grande facilité d'opérer les recherches, car il n'est pas nécessaire d'avoir autre chose qu'un miscroscope ordinaire d'étudiant d'une part, et de l'autre l'emploi de l'objectif n° 3 de Nachet rend l'observation rapide et peu fatigante. Nous joignons à cette étude des formes cellulaires la recherche de l'amidon.

Recherches de l'Amidon dans les Tourteaux

Cette recherche se fait très simplement au microscope, sur le tourteau moulu et tamisé, que l'on observe après addition d'iode dissous dans l'iodure de potassium (solution normale décime de F. Mohr).

Ne renferment pas d'amidon :

Cameline. — Madia. — Colza. — Coton. — Sésame. — Ricin. — Soleil. — Roquette. — Lin. — Chanvre.

Renferment de l'amidon :

Faîne. — Arachide. — Soja hispida.

Si l'examen des tourteaux de la première catégorie décelait la présence de l'amidon en notable quantité, c'est qu'on y aurait introduit des matières féculentes étrangères : seigle, orge, maïs, riz. Si les grains d'amidon sont rares, on peut les attribuer à des graines de mauvaises herbes, qui accompagnent assez souvent les graines oléagineuses exotiques.

La forme et les dimensions des grains d'amidon sont le plus souvent caractéristiques des espèces : seigle, orge, maïs, riz, nielle des blés (Voir Eléments de botanique agricole de Schribaux et J. Nanot).

L'emploi du microscope constitue à notre avis une méthode

7

de diagnose des tourteaux sûre, à la portée de tous les profes-
seurs d'agriculture et des agriculteurs instruits que répandent
aujourd'hui sur tout le territoire de la République les excellentes
écoles d'agriculture que nous possédons. L'ensemble des
planches suivantes, quoique bien incomplet encore, en fera,
croyons-nous, la démonstration.

LÉGENDE EXPLICATIVE DES PLANCHES

TOURTEAU DE SÉSAME BLANC. — *Pl. 1.* — La couche supérieure de l'épisperme est formée par des cellules à parois épaisses, opaques, qui n'offrent aucun caractère distinctif.

Les cellules caractéristiques sont polygonales et serrées les unes contre les autres. Elles forment de grandes plaques transparentes appartenant à l'endosperme (pl. 1).

TOURTEAU DE COPRAH. — *Pl. 2.* — Grossissement 90 d. — L'examen de la cellulose brute, au microscope, permet de reconnaître très facilement le tourteau de coprah et d'y déceler la présence d'autres tourteaux. On y rencontre en effet très abondamment des fragments de tissus, formant la masse du tourteau, constitués par des éléments extrêmement allongés, ressemblant à des fibres et terminés par un plan incliné sur leur grand axe (pl. 2).

Par le traitement au chlorure de zinc à 108° pendant deux heures, et précipitation subséquente à l'alcool du liquide clair filtré, on y trouve une quantité notable d'amidon (méthode Leclère).

TOURTEAU DE COTON. — *Pl. 3 et pl. 4.* — Dans les bons tourteaux de coton d'Alexandrie, on ne trouve, comme dans les tourteaux de coton décortiqués, que très peu de filaments de *coton*. Toutefois on peut constater leur présence qui est caractéristique (fig. I).

On n'aperçoit pas dans le tourteau privé d'huile par l'éther de grains d'amidon qui se colorent en bleu par l'iode.

L'examen de la cellulose brute montre d'assez nombreuses cellules en palissade du testa de la graine de coton (fig. I, pl. 3). Elles sont caractéristiques. On remarque aussi un tissu constitué par des cellules très petites (fig. II, pl. 4).

Les tourteaux cotonneux sont faciles à distinguer des tourteaux d'Alexandrie par l'abondance de filaments aplatis qu'on y rencontre.

TOURTEAU DE COLZA. — *Pl. 5.* — Petites cellules à parois très épaisses et opaques, avec centre transparent très voisines de celles qu'on observe dans la navette.

TOURTEAU DE LIN. — *Pl. 6.* — L'examen de la cellulose brute fait voir des cellules opaques rouges, se détachant les unes des autres assez facilement et disséminées dans la préparation. On ne trouve là aucun caractère distinctif. Mais au-dessous on rencontre un tissu constitué par des cellules très petites, formant une sorte de fin quadrillage, sous lequel on voit apparaître une couche de cellules grandes et polyédriques (pl. 6). Ce tissu, qui est très abondant dans le tourteau de lin, n'a été retrouvé dans aucun des autres tourteaux que nous avons étudiés. Il appartient à l'épisperme.

TOURTEAU D'ARACHIDE. — *Pl. 7, 8, 9 et 10.* — On rencontre des fragments de testa rougeâtre qui, traités par l'acide azotique, montrent un tissu formé de cellules à parois très épaisses, canaliculées (fig. II, pl. 8, grossissement de 42 diam. et fig. I, pl. 7, grossissement de 170 diam.). Ces cellules sont caractéristiques.

Fig. III, pl. 9, fragment du tegmen.

Fig. IV, pl. 10, fragment de l'endosperme, cellules polygonales très transparentes.

TOURTEAU DE NAVETTE. — *Pl. 11.* — Cellules très petites, à parois épaisses et opaques et à centre transparent.

TOURTEAU DE CHANVRE OU CHÈNEVIS. — *Pl. 12 et 13.* — L'examen microscopique de la cellulose brute montre des plaques opaques sans importance comme caractère diagnostic. Mais on y trouve des cellules à parois très épaisses, présentant un point central irrégulier et transparent (I, pl. 12), et des cellules à parois irrégulièrement dentées, engrenant les unes dans les autres, très caractéristiques (II, pl. 13). On trouve entre les deux formes figurées des cellules de moins en moins épaisses, passant par toutes les formes intermédiaires. Nous n'avons retrouvé ces deux sortes de cellules dans aucun autre tourteau.

TOURTEAU DE NOIX. — *Pl. 14.* — L'examen de la cellulose brute à un faible grossissement, fait découvrir des faisceaux de trachées appartenant à la pellicule qui enveloppe l'amande. Cellules rougeâtres opaques.

TOURTEAU DE PAVOT BLANC. — *Pl. 15, 16 et 17.* — On remarque quatre sortes de tissus très abondants, dans la cellulose brute :

Des cellules épaisses, opaques, soutenues par un treillis de cellules à parois épaissies. Ce treillis, débarrassé des cellules opaques, est représenté par la planche I, 15.

Des réseaux de grandes cellules polygonales, rayonnant autour du point germinatif de la graine, renfermant des cellules irrégulières et striées, pl. II, 16.

Enfin des cellules irrégulières striées, pl. III, 16.

TOURTEAU DE CAMELINE. — *Pl. 18.* — Grandes cellules à parois très épaisses.

MADIA. — *Pl. 19 et 20.* — Cellules opaques noires formant de longues bandes longitudinales, séparées par des intervalles transparents, I, pl. 19. Plaques des cellules à parois transparentes, II, pl. 20, et à centres opaques.

SOLEIL. — *Pl. 21 et 22.* — Cellules fibreuses formant l'écorce, I, pl. 21. Cellules analogues à celles du madia, II, pl. 22.

MOUTARDE BLANCHE. — *Pl. 23.* — Cellules polygonales régulières présentant un point central caractéristique.

MOUTARDE DES CHAMPS. — *Pl. 24.* — Très petites cellules à parois épaisses et opaques, avec centre transparent. Ressemblant beaucoup au colza et à la navette, mais plus petites.

CROTON. — *Pl. 25.* — Cellules en virgules allongées, pl. 25. On trouve dans l'épisperme des faisceaux trachéens.

JATROPHA CURCAS. — *Pl. 26 et 27.* — Cellules très épaisses, opaques, qui après traitement par l'acide azotique donnent la fig. I, pl. 26. — Faisceaux vasculaires de trachées, II, pl. 27.

Ricin. — *Pl. 28, 29 et 30.* — Cellules arrondies, I, pl. 28 : cellules plus grandes, II, pl. 29 ; faisceaux trachéens, III, pl. 30.

Note. — Il peut se faire parfois que des tourteaux renferment des graines de nielle des blés (voir Note additionnelle). — On décèle la nielle au microscope, comme l'a montré M. Petermann, par la recherche de son péricarpe caractéristique et celle de son amidon.

« L'épiderme, d'un beau brun châtain, est formé de cellules irrégulières, à membrane maculée de points noirs et à contour dentelé ; elles sont disposées comme des roues d'engrenage. Chaque cellule montre aussi vers son milieu un épaississement plus foncé, analogue à un bourrelet, ayant un centre transparent. Les cellules ont 200 µ. sur 100 µ. » L'amidon est polygonal, et a 6 µ. de diam.

La saponine, principe nocif de la nielle, peut s'extraire en faisant bouillir la substance (500 gr.) dans l'alcool à 85° et filtrant à chaud. La solution est précipitée par l'alcool absolu. On recueille sur un filtre le précipité, et le sèche à l'étuve à eau bouillante pour coaguler les albuminoïdes. On épuise ensuite par l'eau froide, reprécipite la solution par l'alcool absolu ; la poudre blanche précipitée est recueillie sur un filtre et séchée. — Elle a un goût âcre et brûlant. Elle est très soluble dans l'eau froide, qu'elle rend mousseuse quand on la bat avec un agitateur ; elle ne se colore pas par l'iode. Sa solution réduit le nitrate d'argent, et la liqueur de Fehling, mais pour celle-ci seulement après avoir été additionnée d'acide chlorhydrique (absence de sucre, caractère des glucosides). — La solution précipite par l'acétate de plomb et non par le tannin (absence d'albuminoïde). Elle ne se coagule pas par la chaleur.

NOTE ADDITIONNELLE

Différentes adultérations observées dans les Tourteaux

TOURTEAU DE LIN. — La Russie et l'Inde sont les pays producteurs du lin par excellence. Les lins triés et nettoyés de ces régions renferment encore jusqu'à 5 0/0 de graines étrangères. Voici, d'après Wœlcker, les proportions d'impuretés que renferment les lins de commerce :

Lin de Bombay..	1.75	à 4.5 0/0
Mer Noire..	12	à 20
Odessa..	12.5	
Morshanski.	7	
Pétersbourg.	3	
Péterbourg-Rijeff.	14	à 70
Riga..	35	à 49.5

Ces impuretés sont souvent le résultat d'une addition intentionnelle.

Wœlcker a déterminé dans ces impuretés les espèces suivantes :

Brassica rapa, Sinapis glauca, S. arvensis, S. alba, Camelina sativa, Cuscuta epilinum, Linum catharticum, Agrostemma githago, Viola tricolor, Milium effusum, Centaurea cyanus, C. nigra, Rumex acetosella, Chenopodium, Leontodon taraxacum, Raphanus raphanistrum, Galium aparine. Lolium temulentum, Lotus, Spergula arvensis, Polygonum aviculare, P. convolvulus, P. fagopyrum, Trifolium, etc.

Le même auteur cite beaucoup d'exemples de tourteaux de lin ayant empoisonné le bétail par suite de l'addition de *ricin*. Il a constaté aussi l'adultération de ce tourteau avec du son, des balayures, des arachides, du sarrasin, des criblures de riz, etc.

D'après M. Van den Berghe, les falsifications des tourteaux de lin en Belgique ont surtout lieu avec les farines de riz (41 cas sur 100), les coques d'arachides moulues et les tourteaux d'arachides brutes (19 0/0), puis les tourteaux de chanvre (6 0/0) et de *ravison* (6 0/0), les tourteaux de faines brutes (5 0/0), les *tourteaux de ricin* (3 0/0) ceux de colza (3 0/0), le tourteau de maïs, de pavot, les cosses de sarrazin. Sur 100 falsifications, 9 ont été commises avec des substances minérales, sulfate de baryte ou de chaux, sable. Enfin la proportion des falsifications pour 100 échantillons envoyés à l'analyse s'élevait à 37.

TOURTEAU DE COLZA. — Le tourteau de colza est souvent détérioré par de la graine de moutarde des champs, récoltée en même temps dans des sols qui en sont infestés.

COTON. — Wœlcker a trouvé du tourteau de coton falsifié par addition de 10 0/0 de plâtre et carbonate de chaux.

SÉSAME. — Nous avons vu vendre pour du tourteau de sésame blanc de l'Inde des tourteaux roux de balayures d'usines, où l'on ne trouvait pour ainsi dire pas de sésame.

On livre parfois du tourteau de touloucouna pour du T. de sésame brun.

ARACHIDES. — On y ajoute parfois des tourteaux de béraf.

CHÈNEVIS. — On y a mélangé des résidus de Jatropha curcas, de ricin, de croton.

TABLE DES MATIÈRES

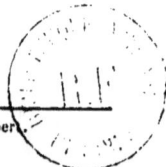

Chartres. — Imp. Durand, rue Fulbert.

PLANCHES

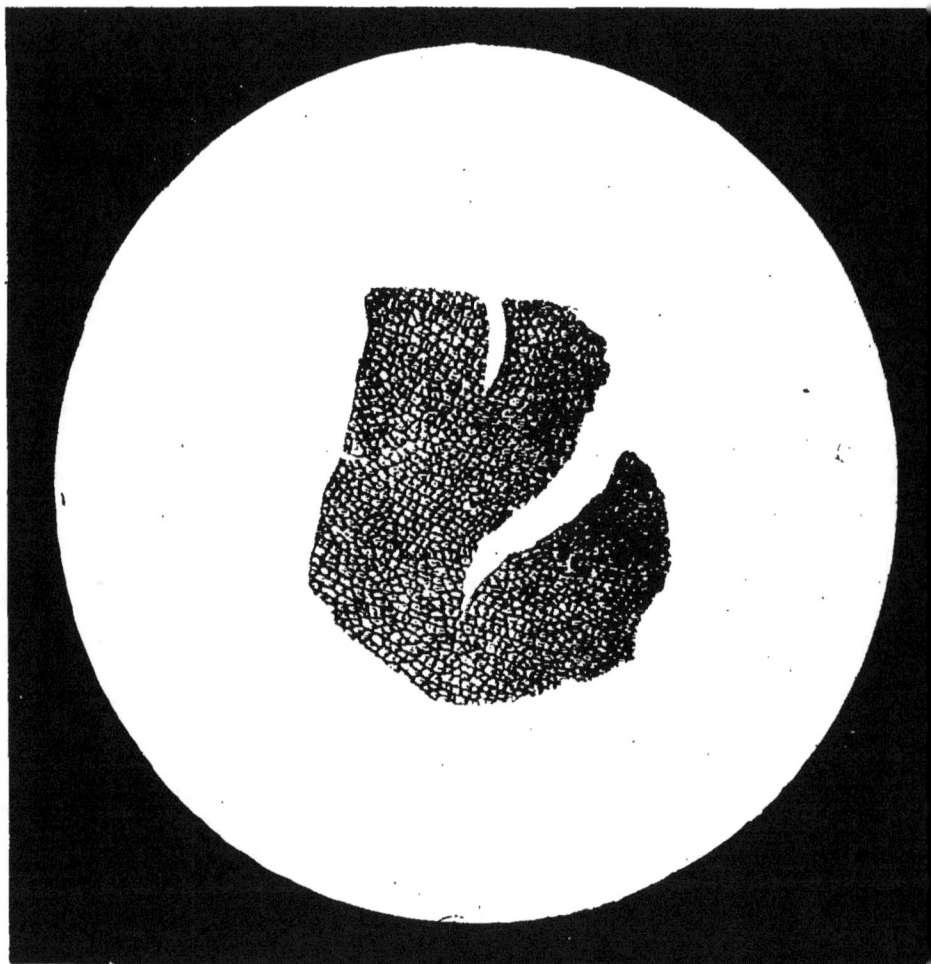

SÉSAME

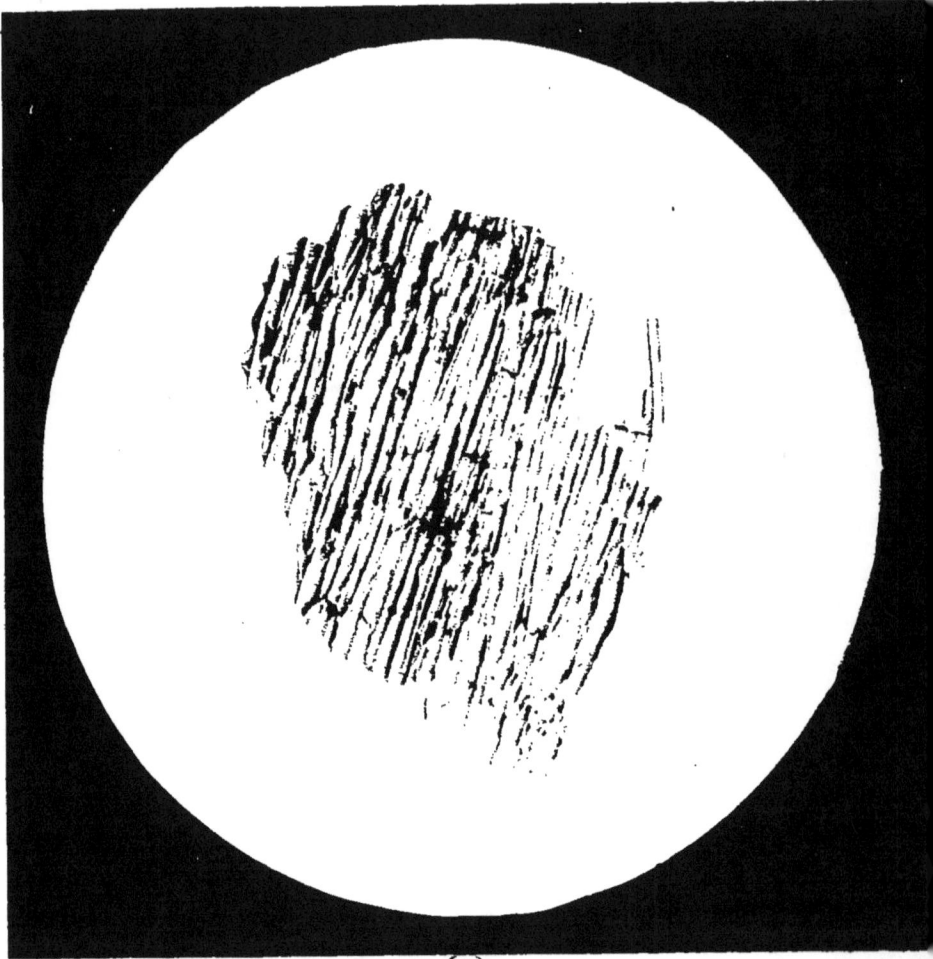

COPRAH

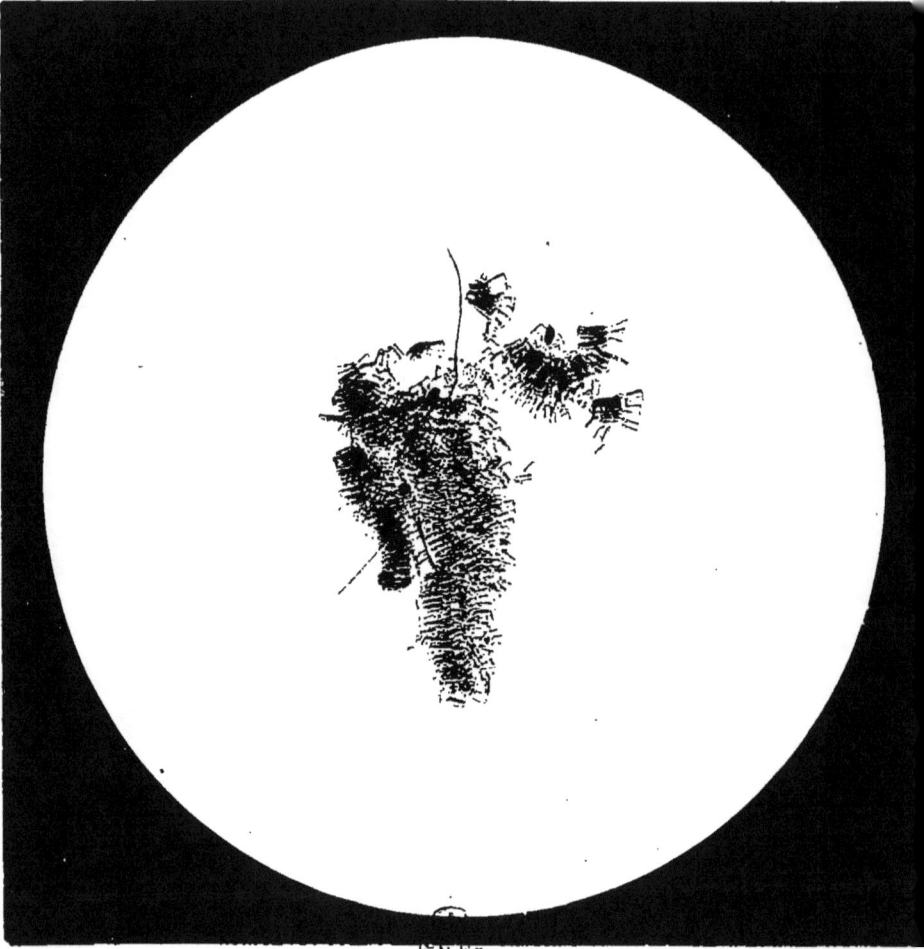

COTON I

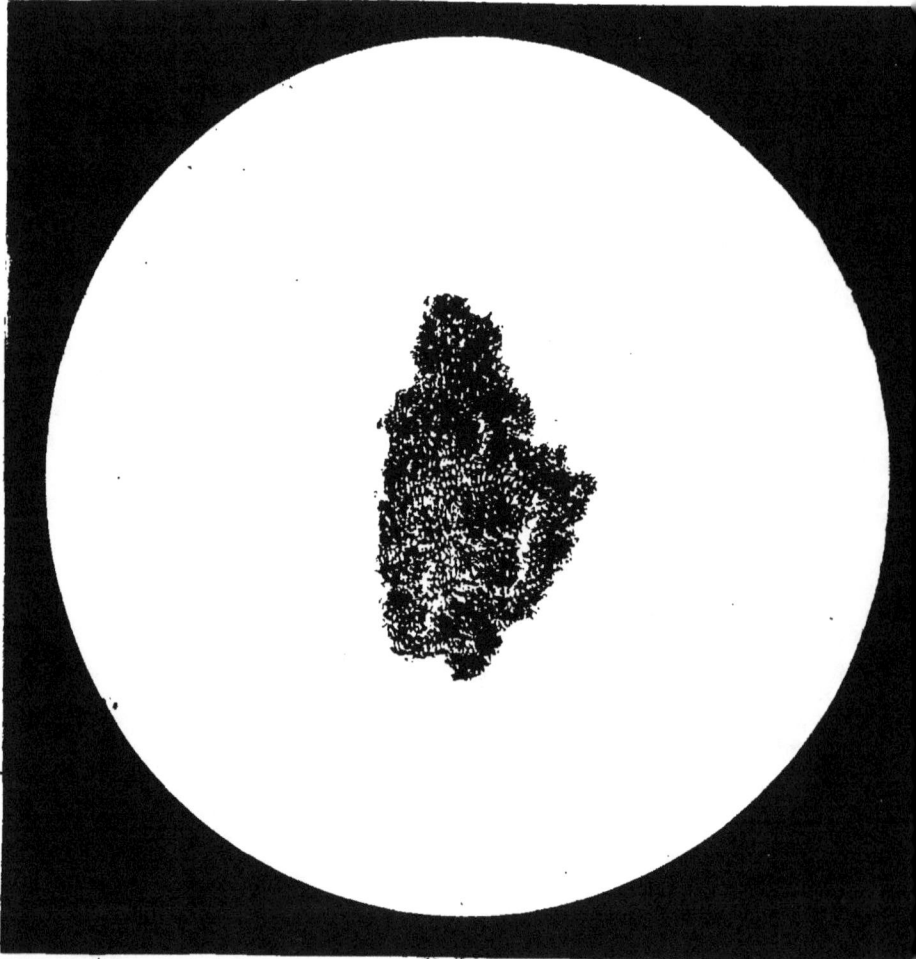

COTON II

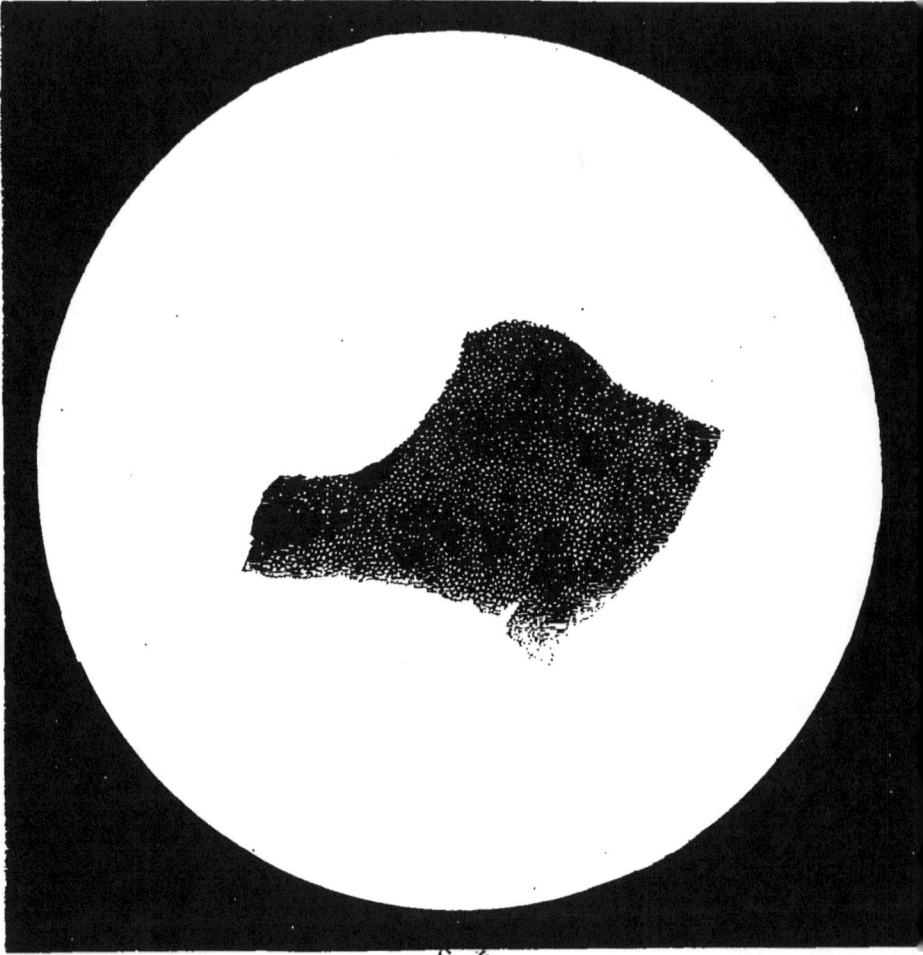

COLZA

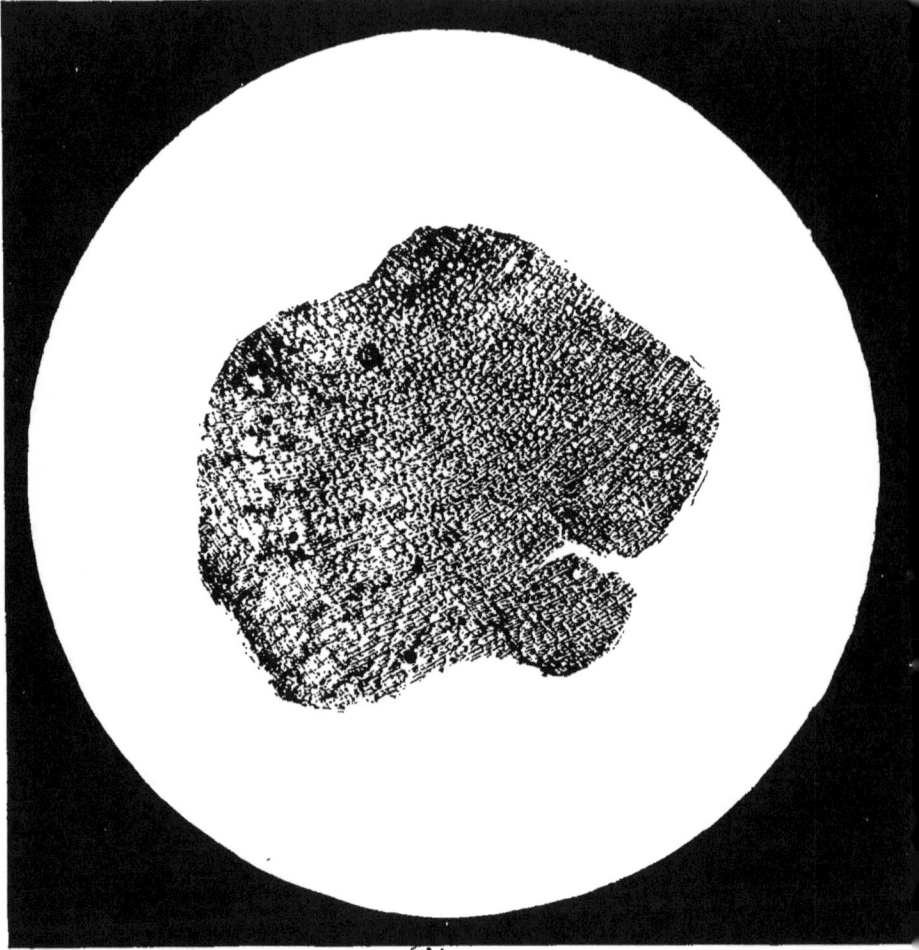

LIN

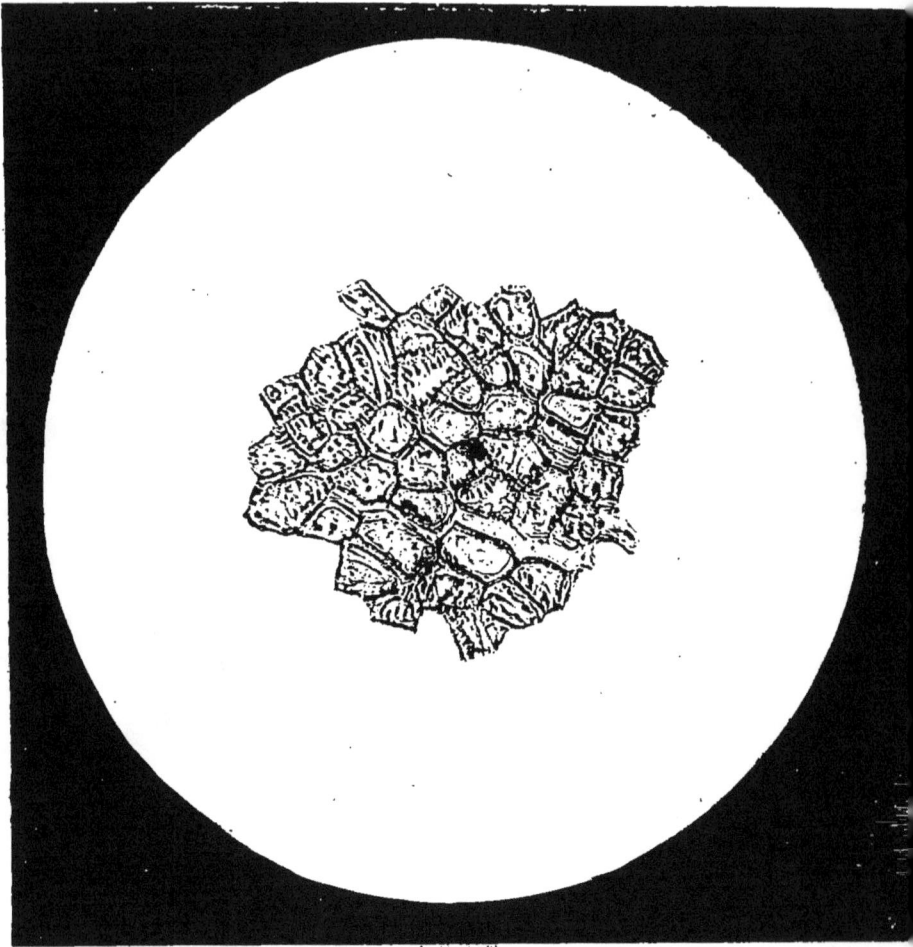

ARACHIDE I

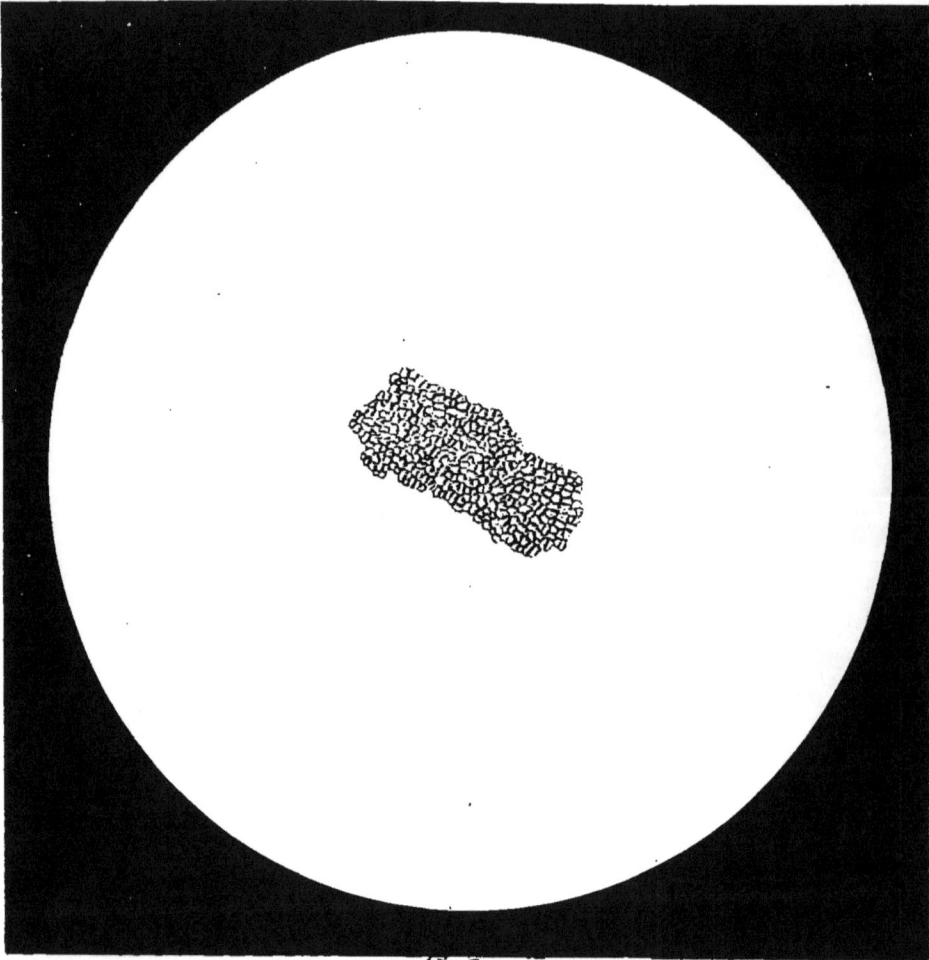

ARACHIDE II

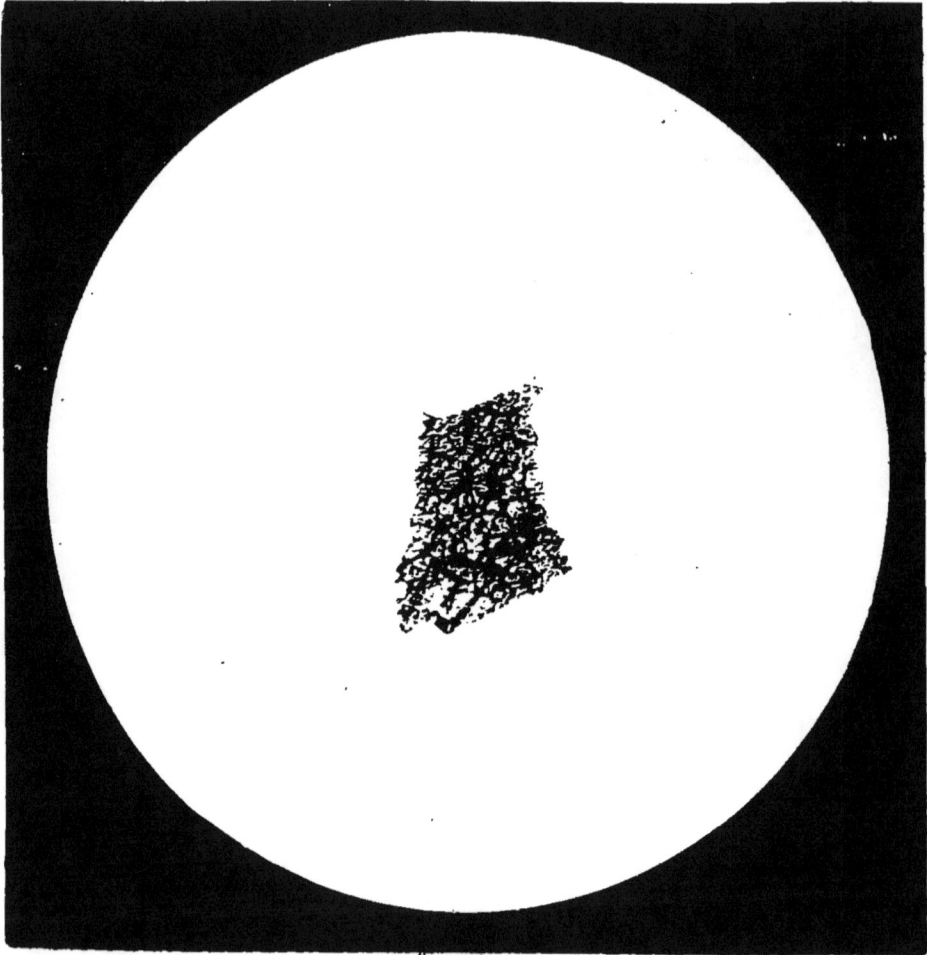

ARACHIDE III

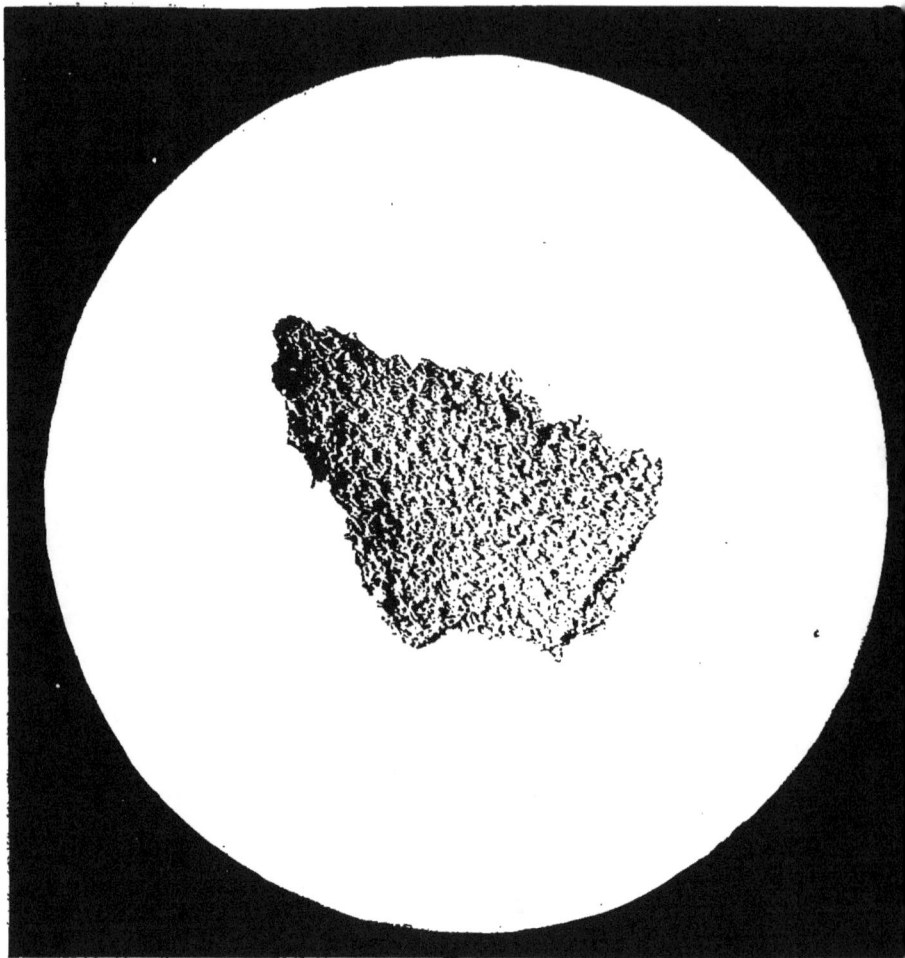

ARACHIDE IV

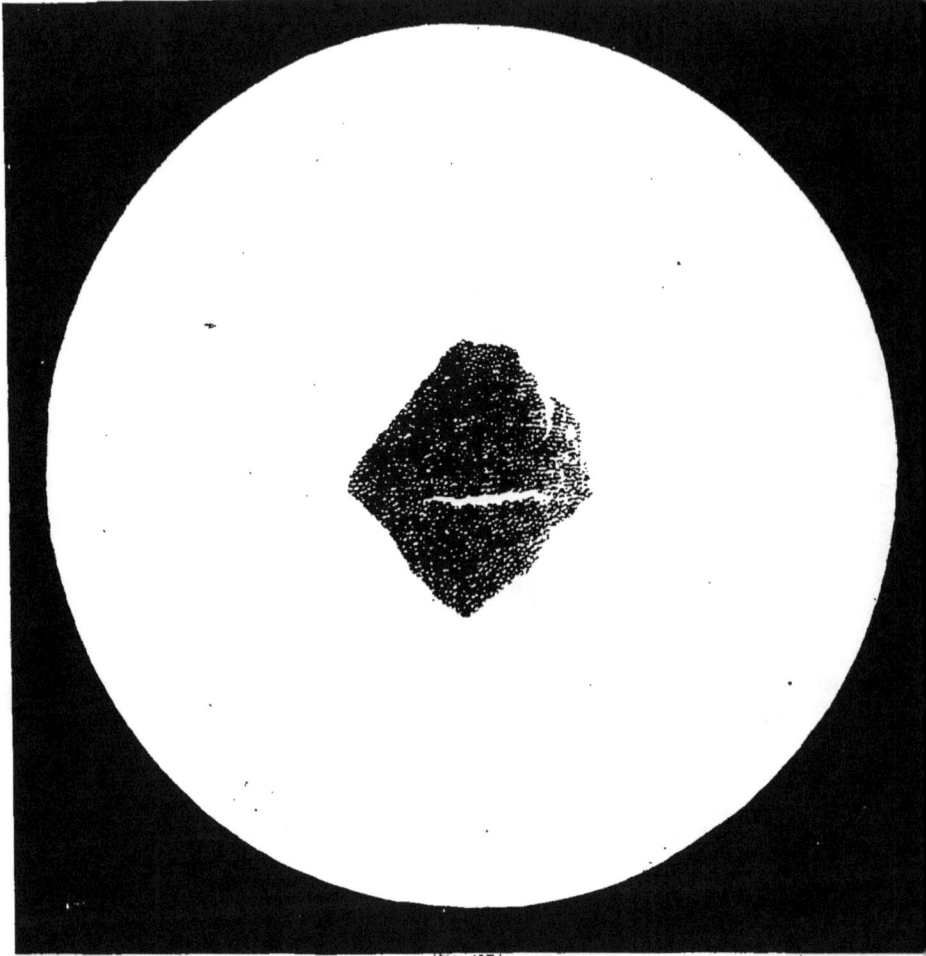

NAVETTE

CHANVRE I

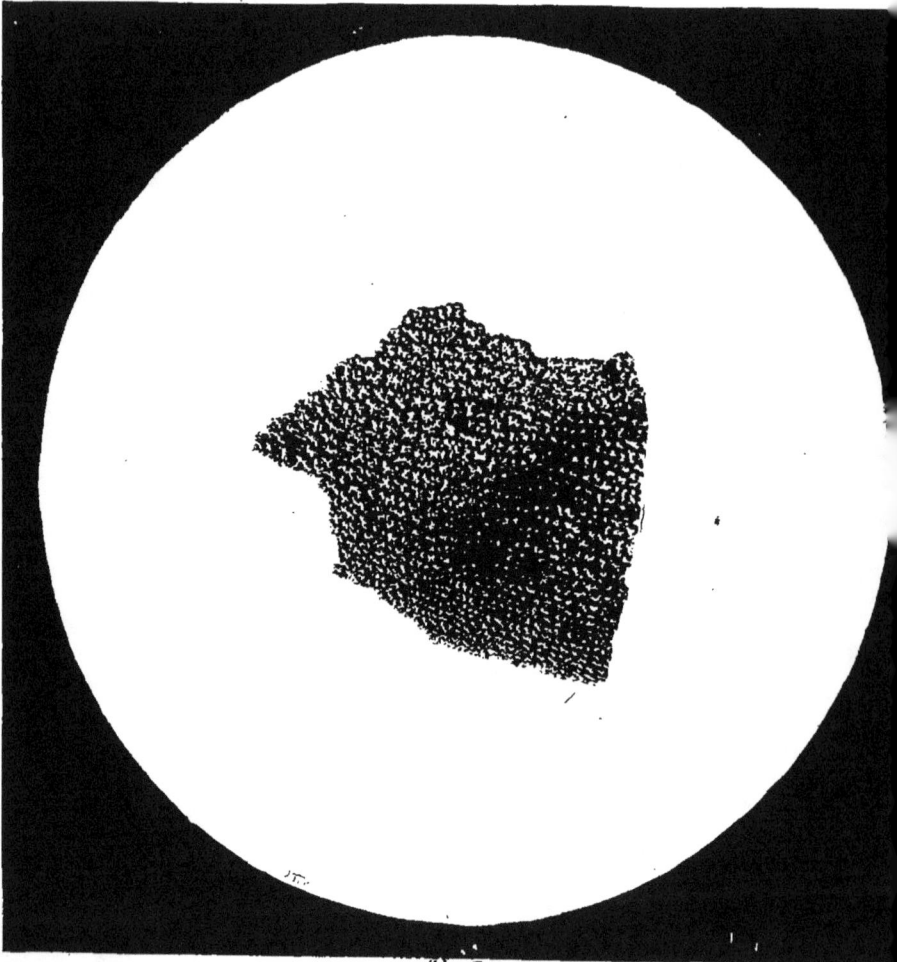

CHANVRE II

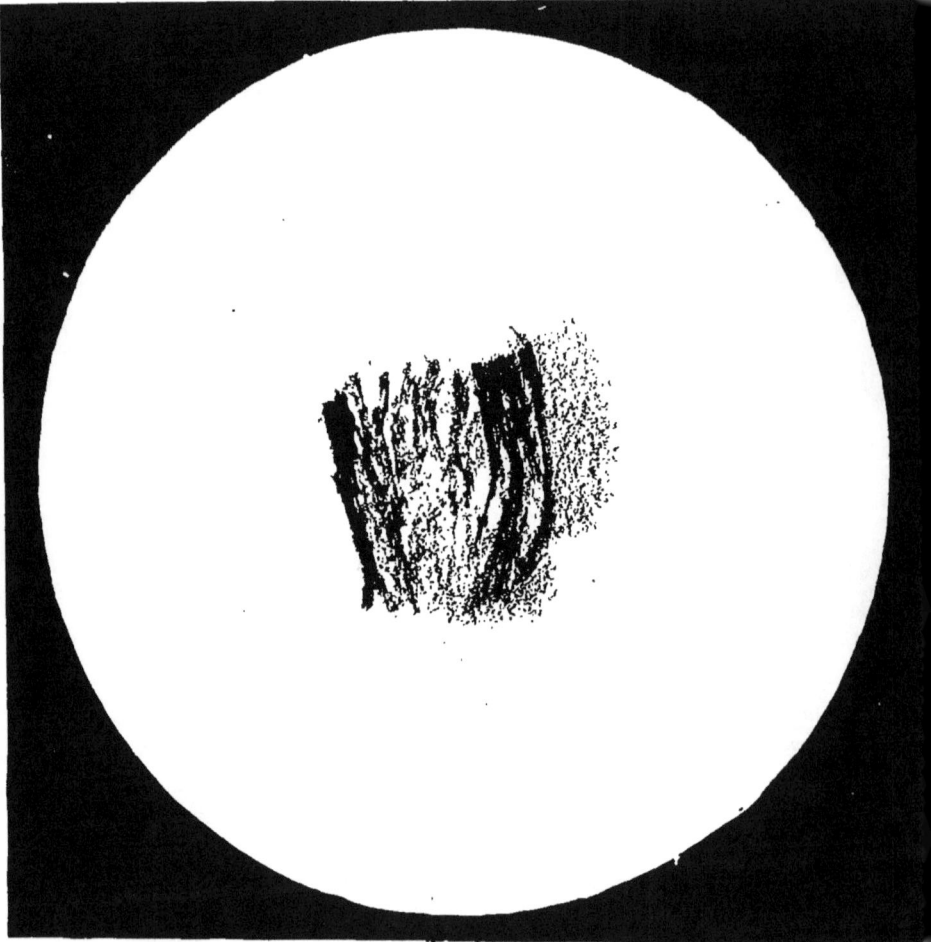

NOIX

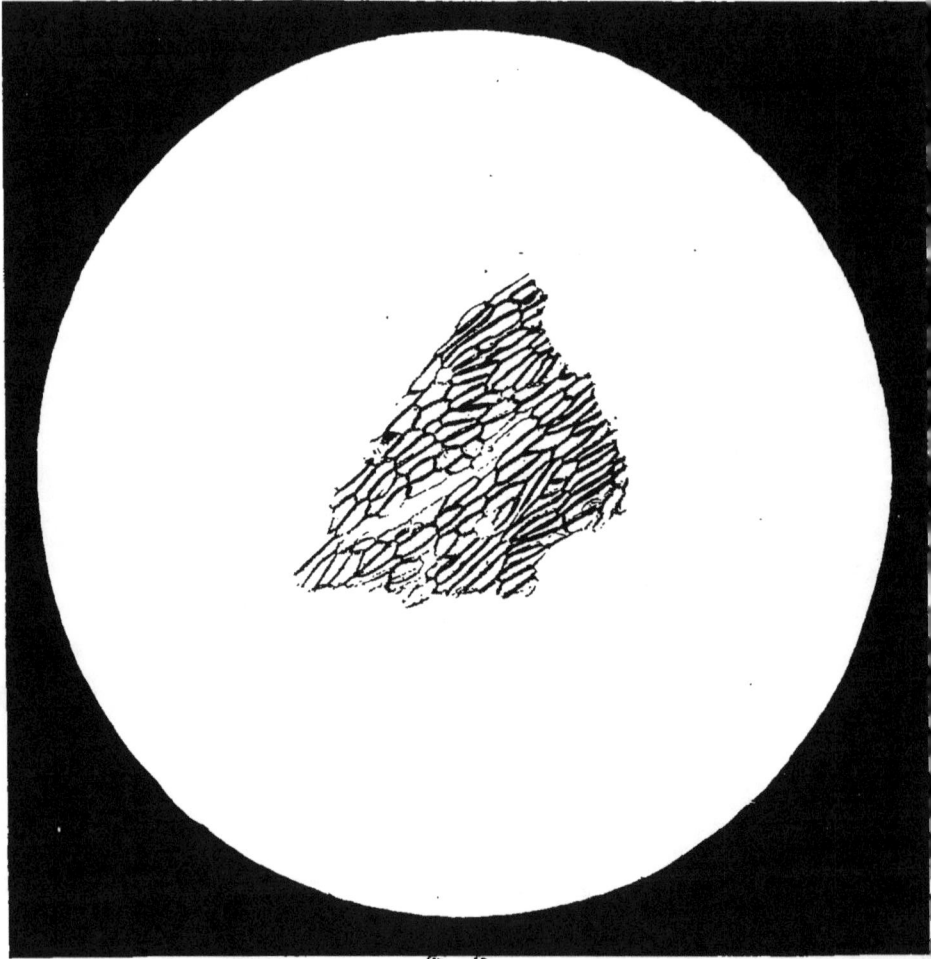

PAVOT BLANC DE L'INDE I

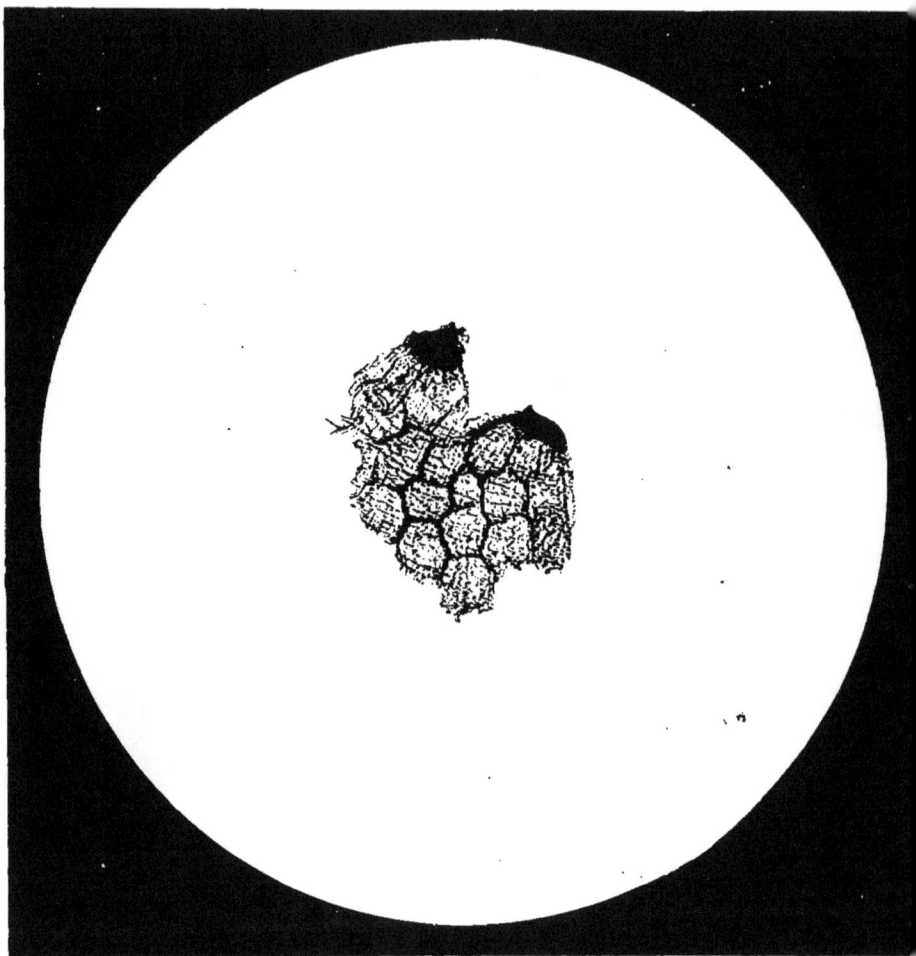

PAVOT BLANC II

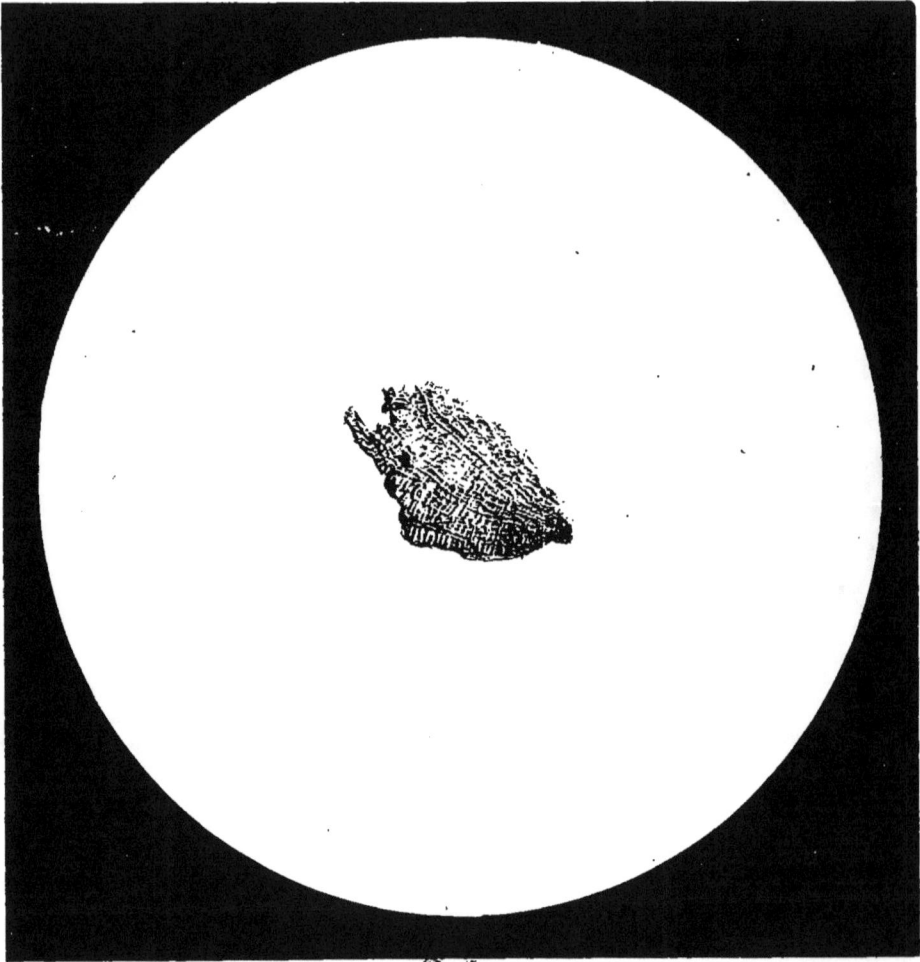

PAVOT BLANC III

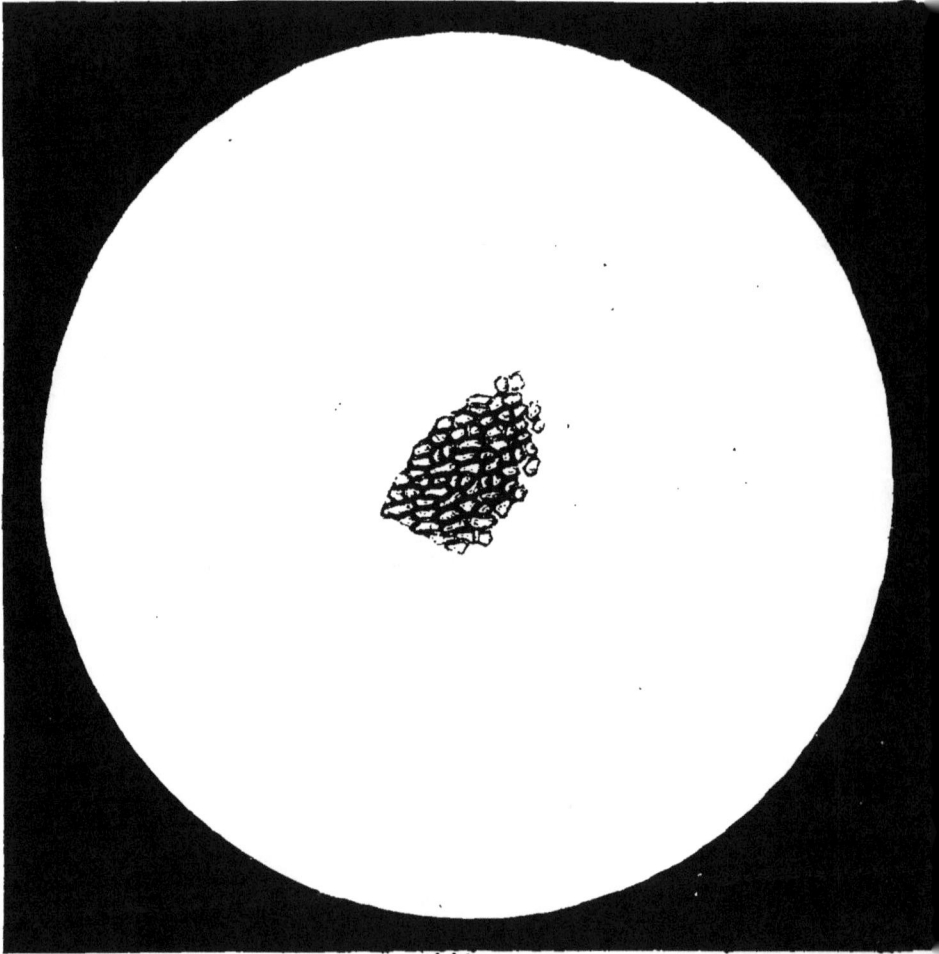

CAMELINE

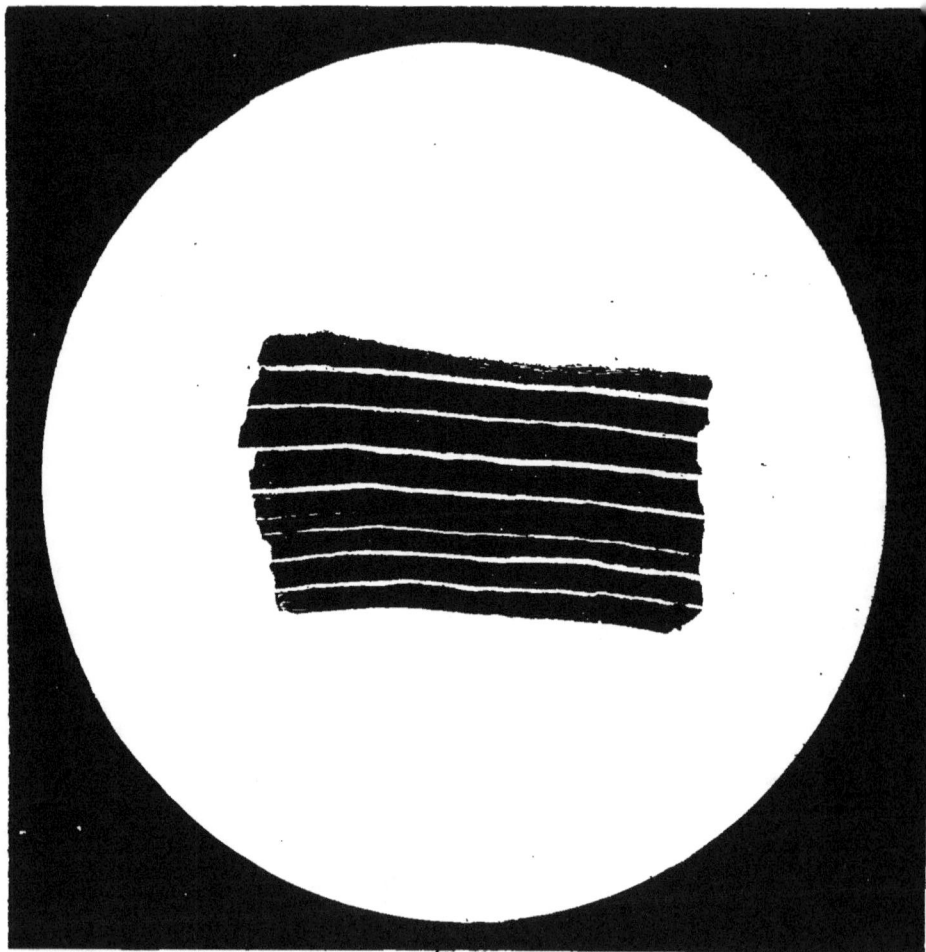

MADIA I

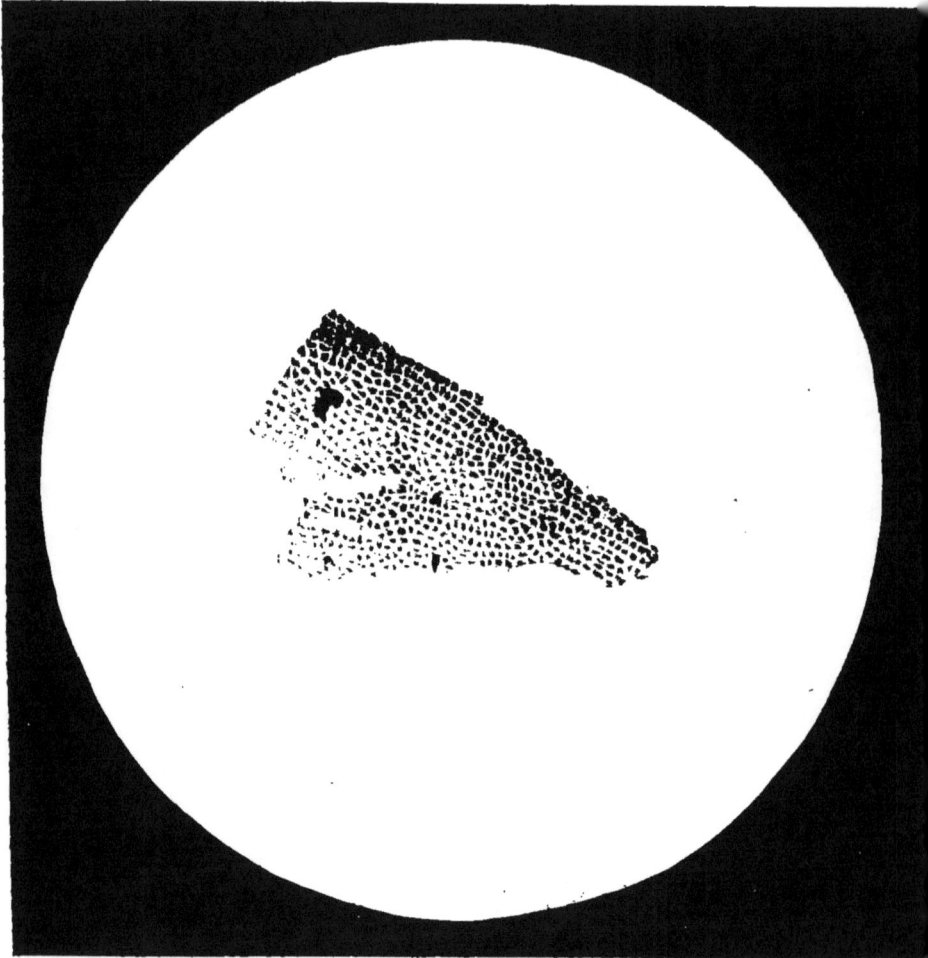

MADIA II

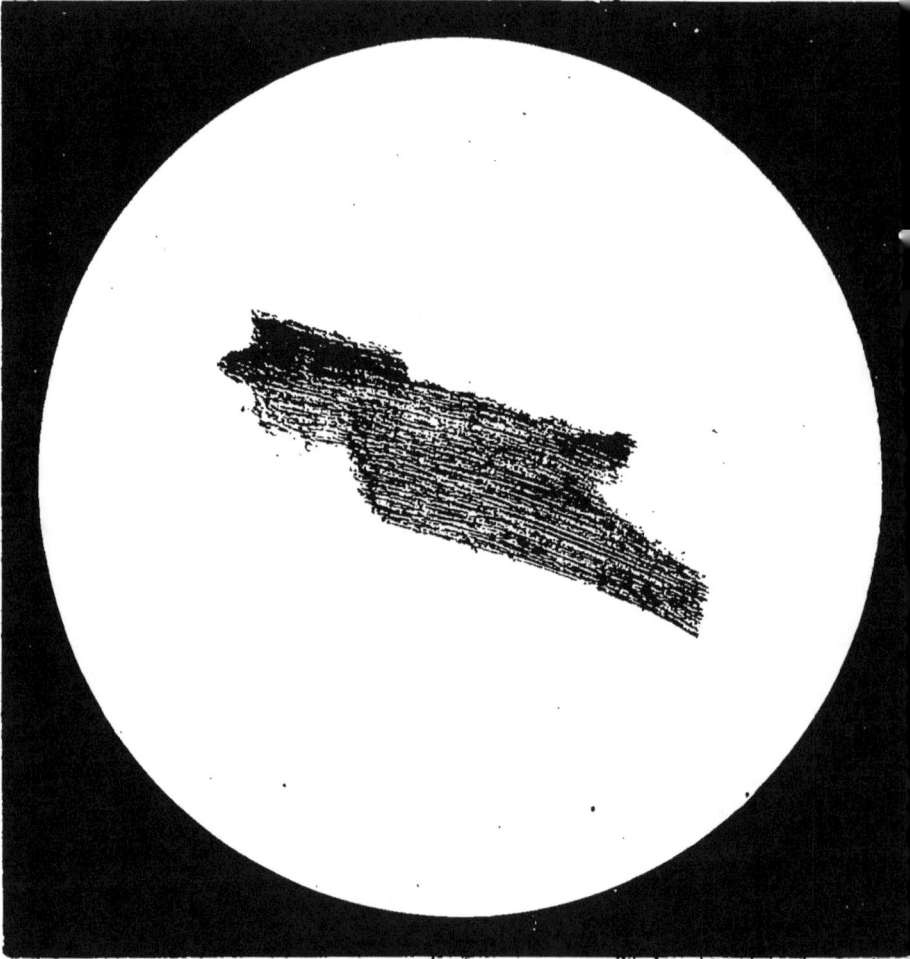

SOLEIL I

Planche 22

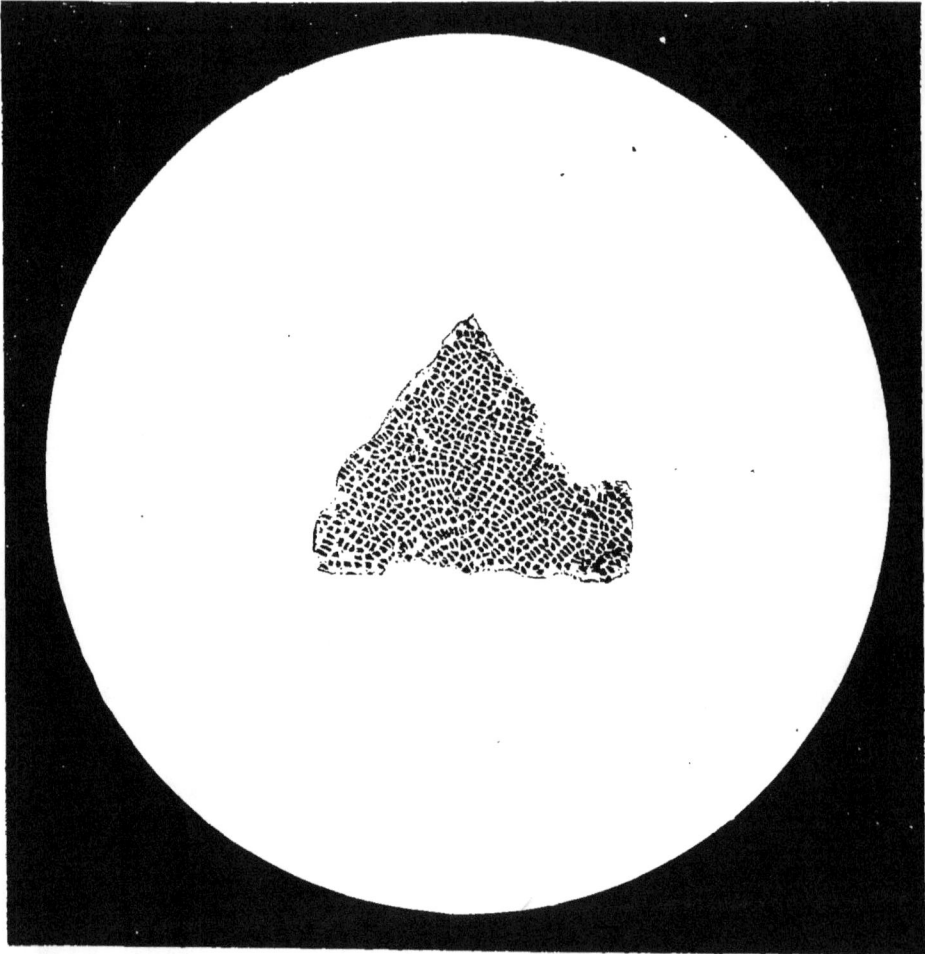

SOLEIL II

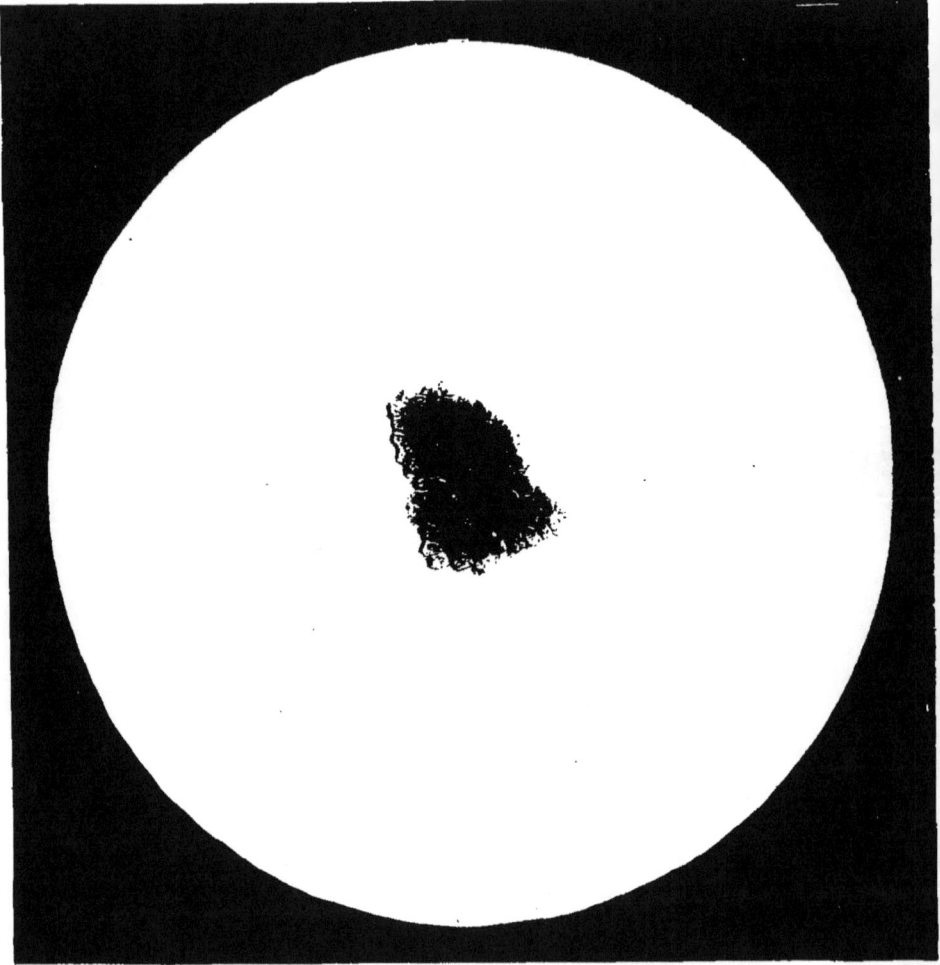

MOUTARDE BLANCHE

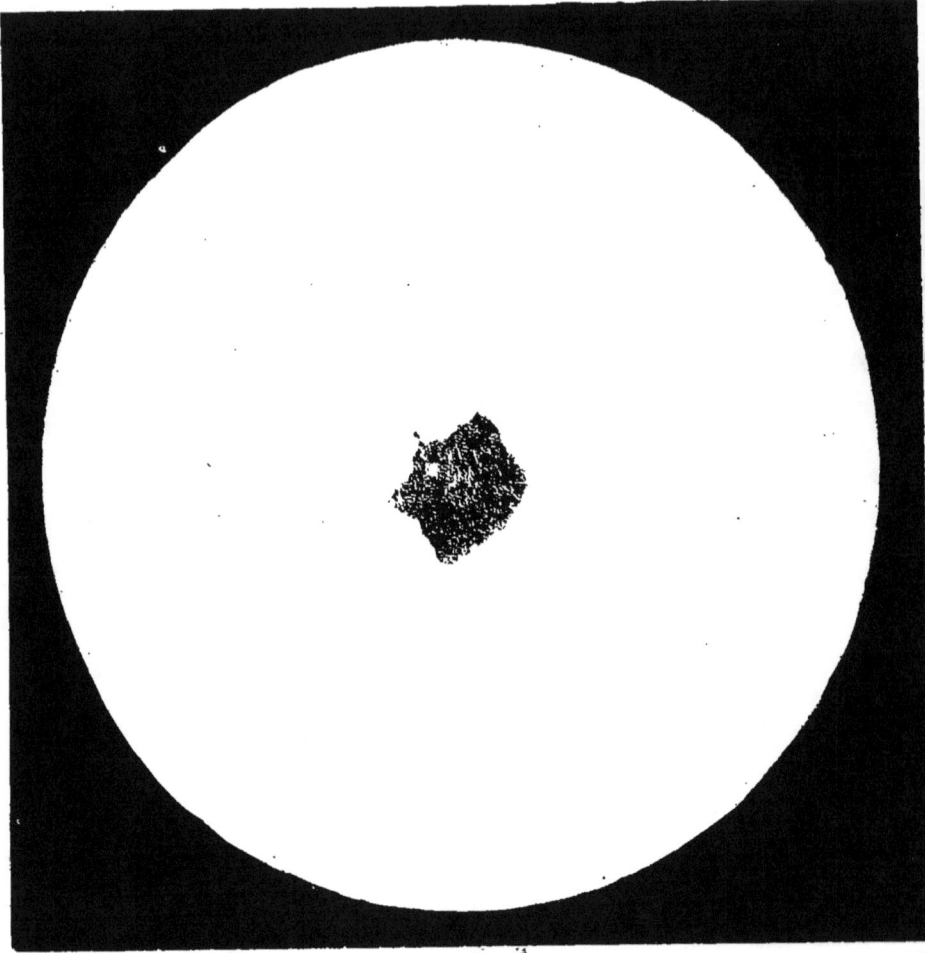

MOUTARDE DES CHAMPS

CROTON

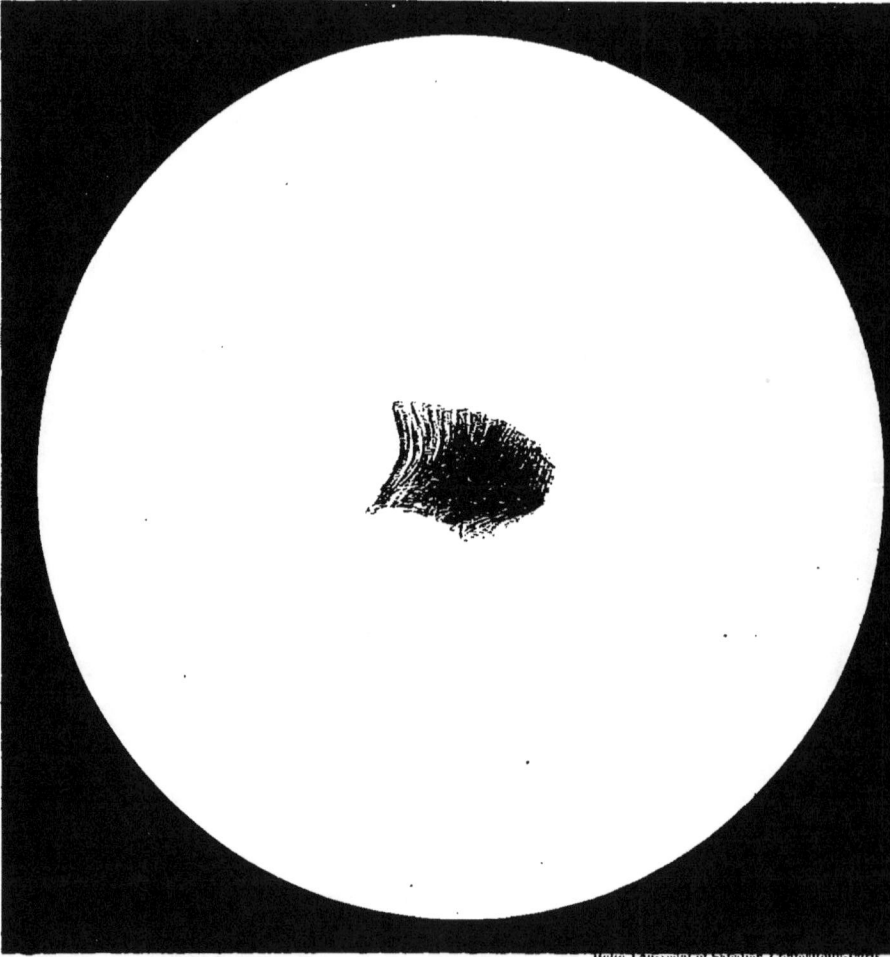

Helio Lausseaut et Sabatier, Chateaudun-Paris.

JATROPHA I

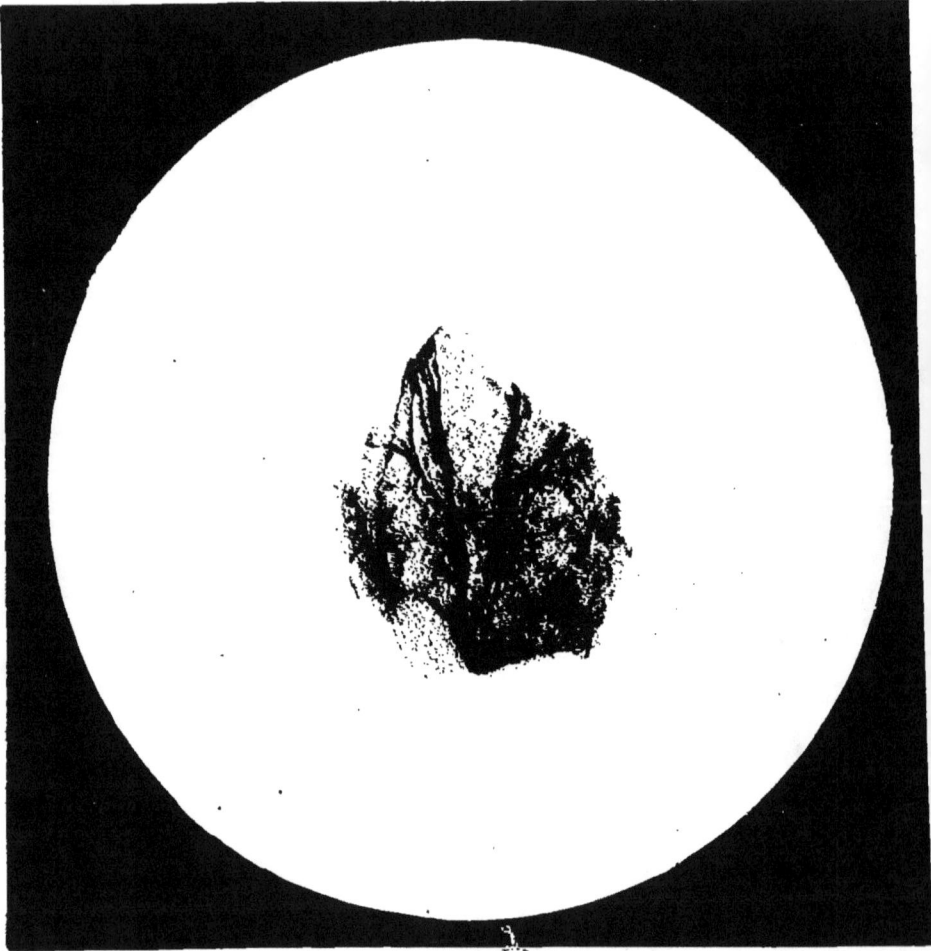

JATROPHA CURCAS II

RICIN I

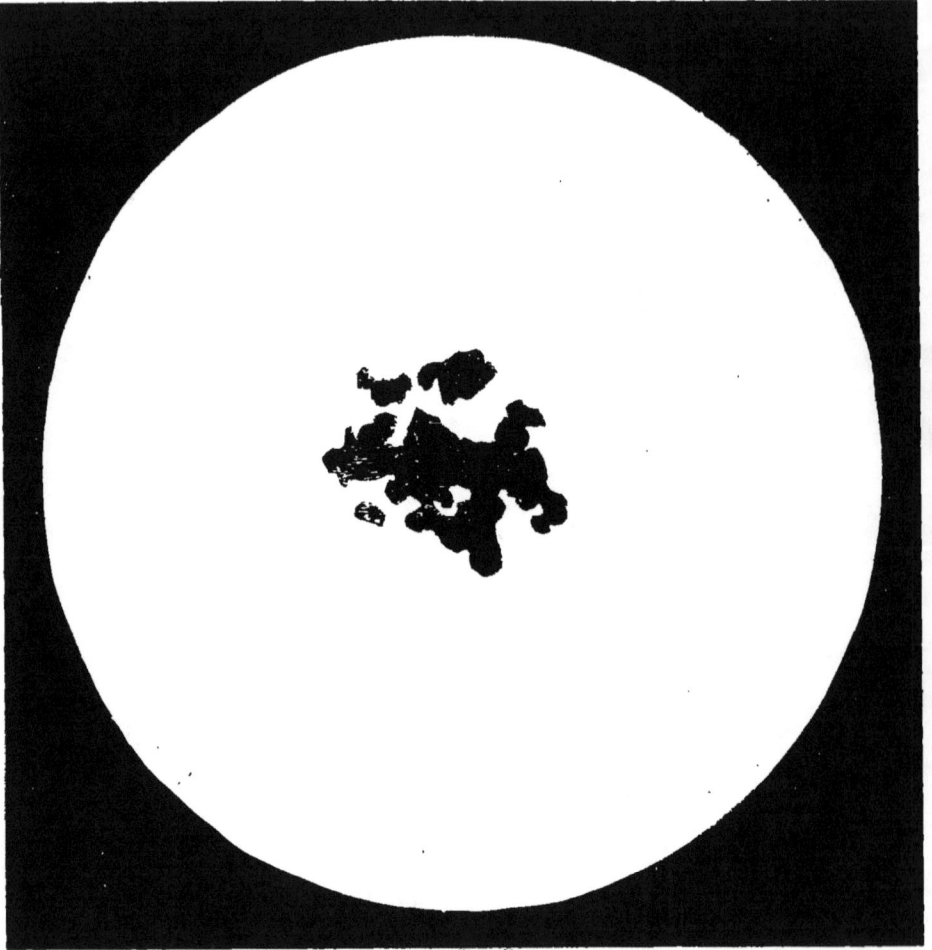

RICIN II

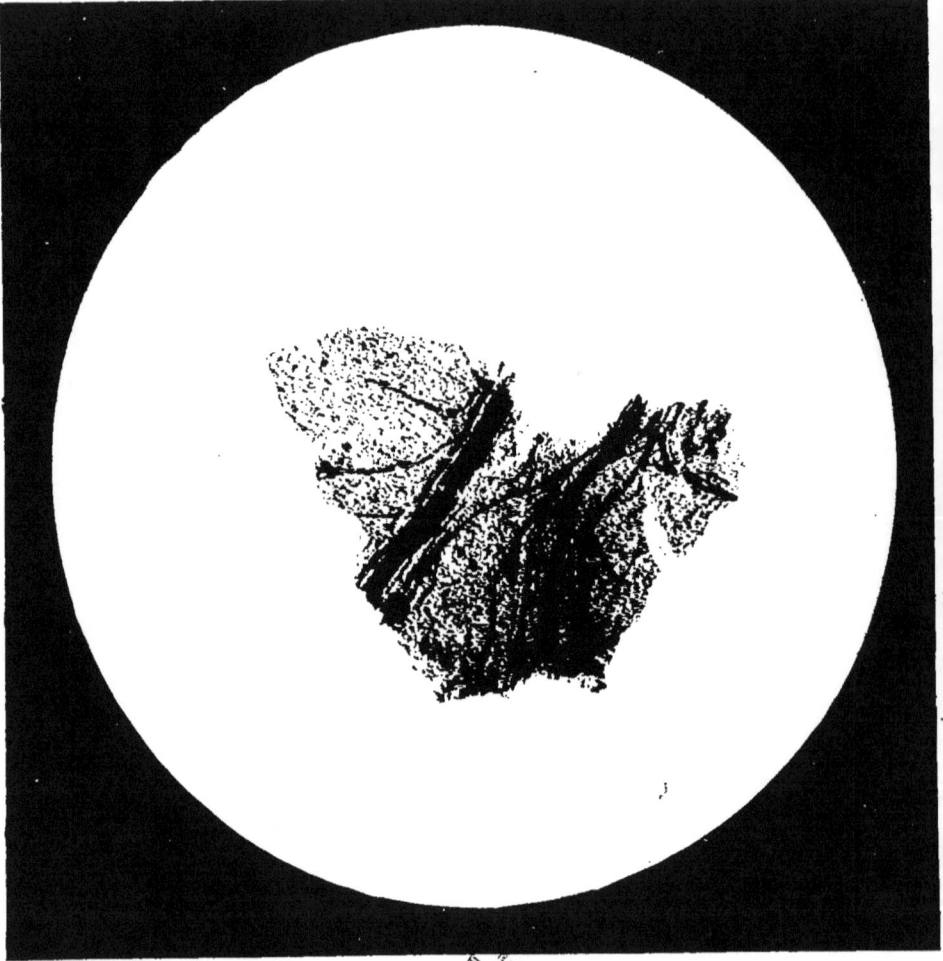

RICIN III

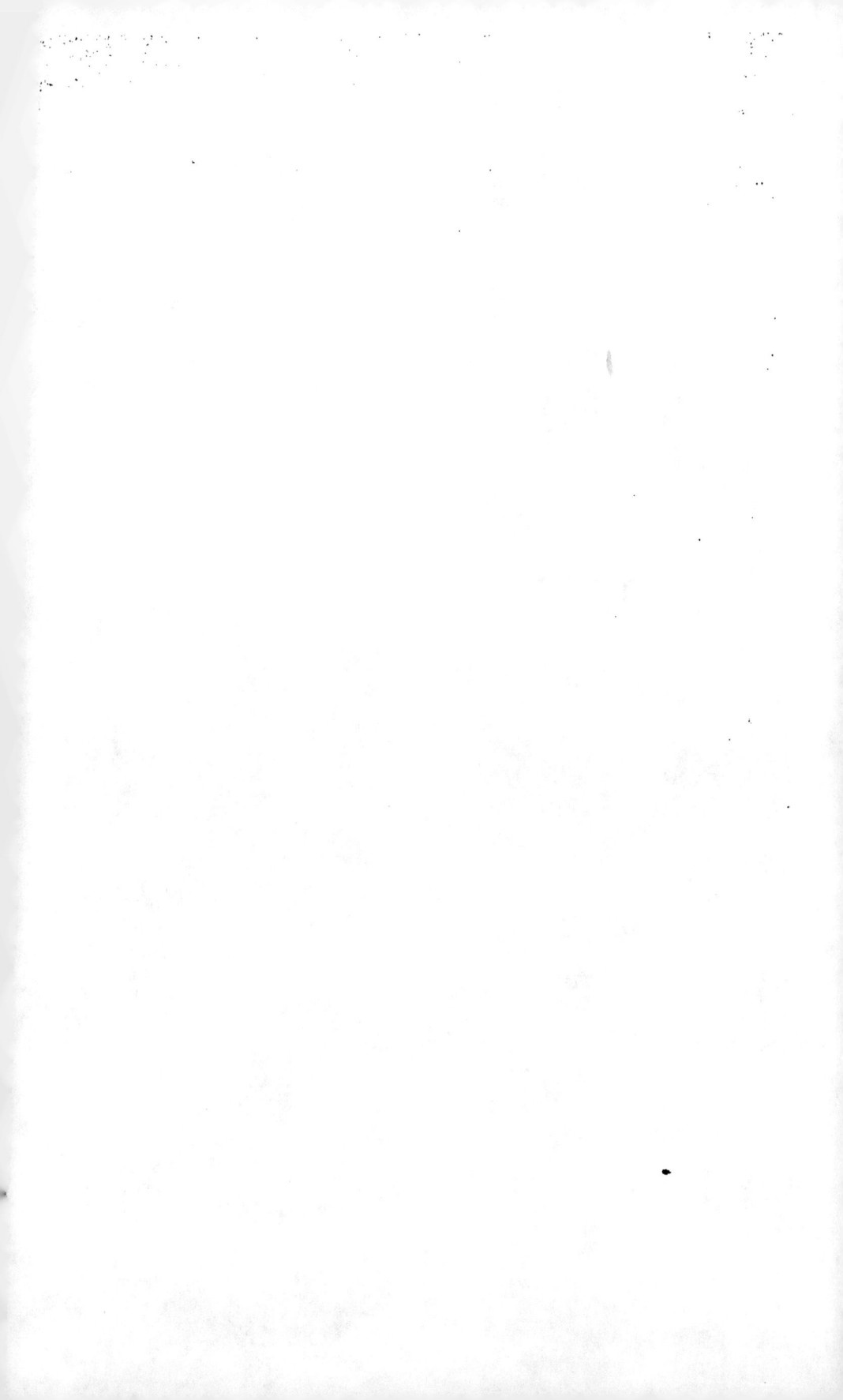

OUVRAGES DU MÊME AUTEUR

www.ingramcontent.com/pod-product-compliance
Lightning Source LLC
Chambersburg PA
CBHW050113210326
41519CB00015BA/3950